Sensaciones, conciencia y aprendizaje

Fundamentos para el desarrollo del aprendizaje en un organismo virtual

Sergio Aranda Klein

Sensaciones, conciencia y aprendizaje
Fundamentos para el desarrollo del
aprendizaje en un organismo virtual

© 2008 Sergio Aranda Klein.
Derechos Reservados

N° de Inscripción derechos de autor 168512 - Enero 2008

ISBN: 978-1-4357-1161-7

Santiago de Chile

Índice

1. Introducción

El presente trabajo es la continuación de un proyecto personal que comienza con la preparación del libro titulado: "¿Por qué creemos?", publicado en julio del 2006, por la editorial de la Universidad Bolivariana S.A. de Santiago de Chile. En ese libro están reunidas las hipótesis a las que he llegado luego de años de observación y búsqueda de explicaciones respecto del origen y la diversidad de las conductas humanas.

En ese primer libro expuse de modo general las circunstancias, que a mi juicio, habrían desencadenado las condiciones biológicas que finalmente llevaron a los seres humanos al desarrollo del aprendizaje como fórmula de adaptación, y como éste se habría constituido más tarde en el motor de todas sus singularidades.

La teoría del aprendizaje que se desprende de las hipótesis allí planteadas, se sostiene fundamentalmente en la tesis de que este es el resultado de la operación de instrucciones instintivas. Sin embargo, en ese texto no se indica cuáles serían los mecanismos específicos, simplemente se explica cómo a partir de la existencia de tales instrucciones, se puede perfecta y coherentemente deducir el surgimiento y desarrollo de la mayor parte de las conductas que se consideran esencialmente humanas.

Convencido como estoy, de que efectivamente es la capacidad de aprender la que nos ha permitido llegar a ser, y hacer todo aquello que nos caracteriza como especie, es que me he empeñado en encontrar aquellas instrucciones instintivas específicas. Es así como he elaborado un nuevo conjunto de hipótesis que son complementarias con las desarrolladas en el libro anterior y que explican con mucho más detalle el proceso por medio del cual se aprende. No obstante dicha explicación sigue siendo una aproximación.

Si al observar las conductas humanas nos preguntamos por qué hacemos lo que hacemos, más allá de la razón inmediata y de nuestra posición como individuos particulares, y comenzamos a buscar lo que hay tras cada movimiento, cada necesidad, cada sensación, nos encontraremos con que las numerosas pistas que nos proveen esas conductas no han sido ponderadas adecuadamente. Una y otra vez, tarde o temprano, nuestra propia condición de juez y parte, nos traicionará haciéndonos desviar el camino de la explicación.

Los seres humanos, después de todo, apreciamos lo que somos y acaso lo sobrevaloramos en demasía, tanto que la mayor parte de las personas piensa que algo de excepcional debe tener el origen de nuestra especie y sus facultades. En esas circunstancias no están realmente dispuestos a poner sobre la mesa de discusión todas nuestras características, haciéndolas realmente equivalentes en su complejidad, particularmente las que percibimos como privativas de los seres humanos. Es así como, sí estamos dispuestos a atribuirles una función biológica comprensible y comparable a las acciones que asumimos compartidas con otras especies, como por ejemplo, las motoras, la percepción, los procesos metabólicos, e incluso el aprendizaje. Pero cuando hablamos de pensamiento, de sensaciones, de emociones, entonces establecemos una gran distancia con el resto del mundo animal, ¿será tanta?, en estos casos hablaremos de funciones emergentes, altamente complejas.

Personalmente creo que la mayor parte de la complejidad radica en la dificultad de enfrentar la realidad de nuestra existencia, sin los prejuicios de partir suponiendo que somos demasiado especiales o complejos.

En el desarrollo de nuestras hipótesis, cada explicación que daremos a cada función, es fruto de la observación de los hechos. No hay más elaboración teórica que la de buscar las relaciones que den cuenta de las diferentes conductas humanas en un contexto de interdependencia. Hemos partido del supuesto que no hay ninguna de ellas que no sea resultado de la aplicación de procesos cuyo único fin es la sobrevivencia. Puesto que si algún propósito tiene lo vivo, ese es seguir viviendo, no existe razón alguna para pensar que esa causa pueda ser distinta en ningún ser vivo. Creemos que cualquier resultado o efecto posterior, por muy complejo que parezca ser, nunca se constituirá él mismo en causa de procesos distintos de los biológicos, puesto que para que esto sucediera, tendría primero que prescindir de las originales. El día que los seres humanos nos dejemos de alimentar y de respirar podremos pensar que hemos superado a la biología que nos dio origen, nunca antes.

La cultura es un efecto secundario, nunca será causa. Que ella esté compuesta por numerosos elementos no la hace sustancialmente diferente en su origen a cualquier otra cultura animal por más modesta que sea. No existe la evolución cultural en los mismos términos que la biológica, puesto que aquella no cumple ninguna función genética, ya que ningún evento o proceso cultural implicará de ningún modo una modificación genética, y si no lo hace, los fundamentos para nuestra existencia seguirán siendo los mismos del principio.

Nada ha cambiado en la biología de los seres humanos en las últimas decenas de miles de años, nuestro potencial biológico de expectativa de vida sigue siendo exactamente el mismo, el que un número mayor de personas alcance en la actualidad ese potencial tiene que ver con la mejoría de condiciones externas y con ninguna otra cosa.

Suponer que el desarrollo tecnológico y la complejización de las relaciones sociales que conlleva, de algún modo han cambiado nuestra biología, es creer una historia que no hay como demostrar. Argumentar la existencia de relaciones sociales complejas, la dependencia tecnológica, el uso del lenguaje, el proceso educativo, etc. sólo demuestra que somos criaturas creadoras, pero siempre desde nuestros recursos biológicos, nunca desde otros. Por otro lado, sostener que de alguna manera vivimos por y para el desarrollo social y o cultural, implica como mínimo desvincular una parte de nuestra naturaleza de la biología, de la cual sostengo, somos y seguiremos siendo cien por ciento dependientes. El aprendizaje a que se refiere esta teoría no tiene nada que ver con la educación, puesto que esta última sólo hace uso de una capacidad instintiva, para dirigir o encausar el aprendizaje que los individuos de todos modos obtendrán con o sin proceso educativo. La adaptación de los individuos a un entorno cultural cualquiera se producirá tal cual como si de otro entorno natural se tratara.

Debo agregar que me he sentido tentado a llamar a esta teoría la de lo obvio, aunque a la luz de los comentarios anteriores parece que de obvio no tiene mucho y sin embargo así debería ser, puesto que el objeto de estudio, nosotros mismos, siempre ha estado disponible como en ninguna otra investigación. No hay nada de lo que podamos disponer de más datos que de nuestra propia "humanidad", luego está claro que el problema nunca ha sido la falta de esta información, el problema es la interpretación de ella, que depende más de las postura filosóficas que del mérito de la misma (tenemos la "secreta" esperanza, de que luego que lean nuestros argumentos, sí lo encuentren obvio).

Sin embargo hay una instancia que aunque académicamente no sea muy impresionante, se puede transformar en una legitima fuente de observaciones respecto de la naturaleza humana, que a diferencia de las académicas no está contaminada por el deseo manifiesto de hacer calzar las teorías con las expectativas de los investigadores. Nos referimos a los dichos populares. Antes de que la sorpresa sorprenda a alguien, queremos argumentar que si bien reconocemos que no se trata de observaciones hechas con rigor científico, no podemos desconocer el hecho de que ellas recogen la síntesis de observaciones que describen muy bien conductas propias de la naturaleza humana, y es posible que en este sentido aporten mucho más que otras investigaciones más formales.

En cualquier caso, toda hipótesis o teoría acerca de la naturaleza humana deberá dar cuenta tarde o temprano del contenido de esas sentencias, como mínimo, para explicar las causas de su origen. Sobre todo por parte de quienes sostienen que el conocimiento de los procesos culturales, de los cuales provienen, tiene el poder de explicar, por sí mismo, las causas y efectos de los fenómenos sociales, individuales y colectivos.

Hemos utilizado algunos dichos populares como ejemplos de situaciones que por supuesto no parten del análisis de ellos, simplemente nos han ayudado a precisar el alcance de algunas de nuestras hipótesis. En rigor, su uso es más bien anecdótico. En todo caso es interesante notar como la simplicidad de sus afirmaciones y su desvinculación con otras apreciaciones contingentes o valóricas, son capaces de resumir los hechos observados, más allá de toda contextualización ideológica. Lo cual, agregado a su atemporalidad, hacen que sean ampliamente reconocidos como contenedores de verdades, aun cuando muchos de ellos puedan ser parciales, locales, o claramente contingentes.

Al proponer la especialización en el aprendizaje como la causa más importante del origen de las conductas humanas, nos hemos hecho cargo de explicar, en el contexto de la operación del organismo como un todo, varias de las conductas consideradas más complejas, las emergentes. Es así como hemos identificado los principios probables y las definiciones de los procesos que dan origen a la existencia de la conciencia, del pensamiento y la inteligencia. Además del papel de las percepciones, reacciones y sensaciones en la formación tanto de los recuerdos como de la individualidad. Parece difícil o imposible que lleguemos a conocer la verdadera naturaleza de nuestras conductas, si ellas las separamos en ámbitos independientes. Aplicar el reduccionismo para entender unas funcionalidades ignorando las otras, no nos llevará nunca a entender el todo. En el caso de los seres humanos como en cualquier otro sistema cerrado o semi cerrado, cualquier reducción debe considerar la operación de todas las partes simultáneamente. ¿Cómo se puede apreciar el verdadero valor de la cultura, si no se sabe cual es su origen o funcionalidad biológica? ¿o será que no tienen ninguna?

Me resulta particularmente sorprendente que existan científicos serios que investigan fenómenos como la conciencia, a partir de la descripción de elementos orgánicos. Lo cual es equivalente a averiguar de que se trata una película, analizando la orientación magnética de las partículas cargadas contenidas en una cinta de video.

Para el caso de nuestro análisis, hemos partido con la identificación de un punto de partida, un motor que justificara la existencia de todas las particularidades simultáneamente, que además nos permitiera entender toda acción como resultados directos o indirectos de su operación conjunta, y por último, que le diera cabida a la modificación de estas operaciones en el proceso de desarrollo del individuo, en niveles que explicaran el grado creciente de complejidad de las conductas de los individuos en el entorno.

Creemos que aportamos una nueva visión, un enfoque, que de ser acertado implicaría sin lugar a dudas un cambio de paradigma. Ninguno de los análisis propuestos está basado en supuestos teóricos complejos, ni rebuscados, es más, lo que usamos es lo que sabemos que existe, lo que está ahí. Lo que hacemos es tomarlo y, sin prejuicios, analizarlo y entenderlo como partes de un todo en que nada es más importante que el resto, simplemente diferente.

Personalmente pienso que no hay ninguna razón para pensar que algunas de las características humanas sean el producto de una complejidad especial, por el contrario, es probable que muchos otros procesos, particularmente los que dieron origen a la vida misma, hayan sido el resultado de combinaciones altamente improbables, (supongo que si los pájaros pudiesen pensar como nosotros dirían, "el vuelo está reservado para las criaturas elegidas, ya ven como los animales que están pegados al suelo nos miran con envidia").

2. Bases para la construcción de un modelo de organismo virtual

En este trabajo vamos a tratar de dilucidar cómo y por qué se forman los recuerdos, explicación que quedó pendiente en el libro anterior, y junto con ello vamos a representar esquemáticamente "todos" los procesos que intervienen en la relación entre los individuos y el medio ambiente, lo cual incluye, desde luego, el proceso de recordar y la creación de recuerdos inexistentes, es decir, imaginar.

Hemos propuesto este esquema como la estructura inicial para la construcción de un organismo virtual, porque la teoría del aprendizaje que proponemos, postula que todo el proceso intrínseco es de origen instintivo, es decir: Los requerimientos orgánicos que dan lugar a las búsquedas, los mecanismos motores que permiten realizarlas, los sistemas sensoriales que relacionan al organismo con el entorno, los mecanismos de reacción instintiva específica y de evaluación de las señales percibidas que originan respuestas y recuerdos, finalmente, la capacidad de combinar estos últimos para crear los recuerdos imaginados, son todos procesos de origen genéticos.

Esto significa que todo el proceso de aprendizaje obedece a la ejecución de instrucciones instintivas presentes en el ser humano desde que nace. Ninguna de estas instrucciones es aportada por medios externos a él durante su vida, incluso aprender a aprender, tiene que ver con el uso de sus propias y particulares herramientas instintivas.

En los organismos que aprenden lo único que proviene del medio externo es el contenido de toda la "información" que podemos recordar, utilizar, y combinar, nada más. Todas las diferencias entre los seres humanos son atribuibles a sólo dos factores, uno de ellos es genético, es decir, su particular constitución orgánica, y el segundo factor es el cultural, y tiene que ver con los contenidos de su aprendizaje.

Por supuesto que estas son hipótesis, que quedarían demostradas si se construyese un sistema capaz de reproducir las funciones propuestas en los esquemas.

3. Origen de los requerimientos orgánicos. (O impulso vital)

Entenderemos por requerimientos orgánicos todas aquellas instrucciones instintivas del organismo tendientes a activar los mecanismos necesarios para obtener las sustancias y condiciones del exterior que permitan la realización de los procesos metabólicos necesarios para darle continuidad al proceso de vivir (en este nivel, instintivo es también, la mecánica físico-química de relaciones y reacciones).

Todo requerimiento es en consecuencia el resultado de una necesidad y toda necesidad es debida a una carencia, exceso, o anomalía en el funcionamiento de cualquiera de los sistemas biológicos componentes de un organismo.

Toda necesidad dará origen a una búsqueda y toda búsqueda será la manifestación física evidente de la existencia de la vida. Lo vivo debe buscar para encontrar, para obtener. Los organismos que se encuentren en estados letárgicos, por muy largos que estos sean, darán continuidad a la vida plenamente funcional al completar un ciclo, lo cual concretarán cuando se hallen frente a las condiciones adecuadas, mientras tanto seguirán requiriendo aún con una intensidad mínima encontrar estas condiciones, las cuales serán capaces de percibir y ante las que reaccionarán llegado el momento.

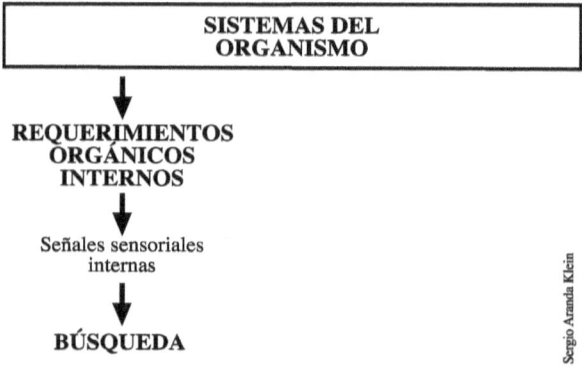

Por otra parte, una característica fundamental de lo vivo es su "necesidad" de consumir energía para seguir viviendo. Esta energía o su equivalente es la razón de su existencia. Podemos afirmar que lo vivo es un estado de combinación de la materia en permanente desequilibrio, el cual para equilibrarse requiere utilizar energía y sustancias obtenidas del medio circundante, mediante la aprehensión y transformación de materiales del entorno, absorbiendo los elementos útiles al proceso y desechando el resto.

Lo vivo vive para vivir, esta afirmación que podría parecer perfectamente circular, en realidad no lo es, puesto que lo vivo cambia a cada instante su forma (movimiento permanente), y en el proceso hay una transferencia energética, un gasto que implica que tanto el individuo como su entorno no son los mismos en cada intervalo de tiempo. En otras palabras, entre el comienzo y el término de un ciclo metabólico el organismo y su entorno han cambiado. Lo vivo del principio no es igual a lo vivo al término del ciclo, y a su vez cada uno de estos es diferente al anterior. Por lo tanto se puede afirmar con propiedad que lo vivo vive, o consume energía, para seguir viviendo y consumiendo energía, esa es la razón de su existencia (independiente de las causas de su origen).

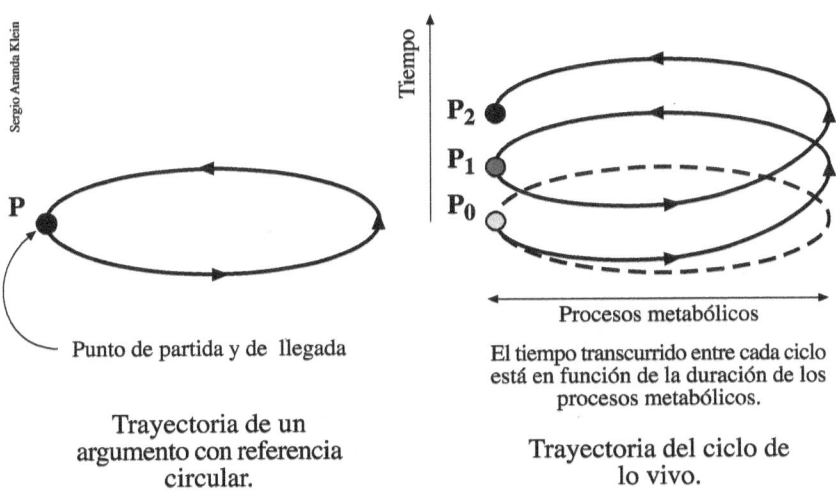

Punto de partida y de llegada

Trayectoria de un argumento con referencia circular.

El tiempo transcurrido entre cada ciclo está en función de la duración de los procesos metabólicos.

Trayectoria del ciclo de lo vivo.

En consecuencia, la elemental necesidad de vivir de los organismos y el cambio constante de su estructura interna, eventualmente dará origen a la adición y o evolución en formas más com-

plejas cuya función última seguirá siendo exactamente la misma del principio, la obtención de los recursos requeridos para seguir viviendo. La obligación básica del organismo de cumplir su ciclo de vida, se trasladará a cada nueva parte, órgano o función en la medida que estos asuman un rol en la obtención, procesamiento, y distribución de las substancias obtenidas de esos recursos. Cada nuevo mecanismo heredará parte de esa necesidad, entendida ésta como una disposición para obtener algo, constituyéndose él mismo en necesario, luego la necesidad del conjunto será la resultante de la suma de todos los requerimientos individuales de cada componente del sistema.

Esta necesidad distribuida es la que hace que cada célula del organismo busque ejecutar por sí misma su propia función, requerir lo que le hace falta, incluso fuera del organismo en condiciones de laboratorio, o en otros organismos cuando sea transplantada, contribuyendo así al funcionamiento del total. Cada célula del individuo buscará dentro de él, su entorno inmediato, satisfacer sus propios requerimientos. Tal vez el egoísmo del que habla **Richard Dawkins**, en su libro "El gen egoísta" sea en verdad el de las células individuales buscando su propio sustento. Es posible que todo organismo funcione como comunidad de células que se especialicen en alguna función, (células madre) y de algún modo esto mismo se reproduzca en la formación de comunidades de organismos, siendo la diferencia entre ambos, que la separación espacial que existe entre estos últimos implicará relaciones no lineales.

Resumiendo, podríamos decir que para los seres vivos "**la necesidad**" es la disposición a la búsqueda, que es desencadenada por la condición de falta, o exceso de cualquier elemento indispensable para mantener la vida en condiciones óptimas. Mientras mayor sea la falta, más intensa será esa búsqueda (mayor cantidad de recursos orgánicos serán destinados a ella), un ejemplo de ello es lo que ocurre ante la sensación de hambre, mientras más tiempo pase antes que se satisfaga, más dispuesto se estará a comer cualquier cosa, aún aquello que no sea comestible (es posible que la intensidad de una búsqueda, la voluntad, sea proporcional a la falta de las sustancias requeridas).

En las conductas de los organismos complejos estarán reunidas todas las manifestaciones de necesidad de cada una de sus partes, más aquellas que surjan como consecuencia de sus interrelaciones, cada una buscando satisfacer sus propios requerimientos. Si un individuo al buscar alimento privilegia ciertas sustancias dentro de una dieta normal más variada, lo más probable es que esta instrucción esté impulsada por requerimientos específicos adicionales de alguna de las funciones orgánicas, ¿quién no ha sentido la necesidad repentina y aparentemente injustificada de comer algo bien dulce?

Con el término de un ciclo de alimentación se da inicio a uno nuevo, la repetición obligada de este proceso sólo acaba con la muerte del individuo. Lo vivo está condenado irremediablemente a buscar y encontrar su sustento cada vez como si fuese la primera. Su único alivio en esta búsqueda interminable es el periodo de tiempo que transcurra entre el término de una comida y el surgimiento de la urgencia de la siguiente, este espacio de tiempo es el presente, es lo único real, puesto que para seguir viviendo lo pasado carece de importancia y el futuro depende de que pueda completar el ciclo presente. El tiempo será la variable omnipresente en cualquier ciclo metabólico, real o simulado.

Tal vez convenga aclarar algo más sobre la importancia del pasado, puesto que los seres humanos le atribuimos gran importancia. El pasado al cual los seres humanos normalmente hacemos referencia, no es el que incluye todos los eventos sucedidos antes del presente, sino sólo a aquellos que podemos recordar, ya sea recurriendo a nuestra memoria biológica o a alguna fuente de almacenamiento de recuerdos externa. Nuestros recuerdos no incluyen los procesos biológicos normales que ocurren al interior de nuestro organismo y mucho menos los procesos evolutivos que han seguido nuestros antecesores para heredarnos nuestras actuales facultades. Nuestro pasado, el de cada uno, sólo incluye lo que recordamos de las experiencias vividas, lo que hemos aprendido. Esta información nos es útil para enfrentar el presente, sin embargo ese pasado sólo existe cuando lo traemos al tiempo presente mediante el recuerdo, si por alguna razón lo olvidamos, deja de ser, por otra parte las consecuencias e influencia de todos los eventos pasados está en la forma del presente. Nuestras conductas instintivas tienen más importancia que las aprendidas, puesto que sin ellas no habría aprendizaje y sin embargo no las necesitamos recordar, ni siquiera sabemos cuando y como operan, simplemente actuamos siguiendo sus instrucciones con "absoluta inocencia e inconciencia". Nosotros no cuestionamos como especie lo que somos, no celebramos ni tenemos una visión crítica del periodo en que adquirimos la dependencia del aprendizaje, tampoco conmemoramos a nuestros antepasados que se bajaron de los árboles, y mucho menos a aquellos lejanos y visionarios antecesores que se atrevieron a abandonar el medio acuático para internarse en tierra firme. No cabe duda alguna que nuestra vida actual como especie es más dependiente de aquellas hazañas, que del resultado de cualquier batalla moderna, sin embargo, nadie tiene recuerdos de aquellos magníficos días. En definitiva no tienen ninguna importancia para nuestra vida actual. Nosotros nacimos humanos y así actuamos, no importa realmente que pasó antes, puesto que nada de eso podremos cambiar ni nos ayudará a conseguir nuestro próximo alimento. El pasado que recordamos y del cual hablamos los seres humanos incluye una fracción ínfima, insignificante, de todo lo ocurrido antes, por supuesto que en términos de la especie y su evolución, puesto que para un niño de 10 años, su historia es muy importante.

4. La búsqueda

Si alguna condición es sinónimo de vida, es la que se manifiesta a través de la búsqueda. La búsqueda es el motor de lo vivo, hasta las plantas buscan cuando orientan su crecimiento hacia el origen de las fuentes de los elementos que necesitan. En su caso el movimiento del conjunto ha sido reemplazado por el desplazamiento de las partes, las cuales se extienden por la vía del crecimiento en direcciones determinadas hasta hallar lo que precisan. Es la búsqueda la que genera la acción, el movimiento. Por el contrario, la espera impasible, el simplemente estar, es más propio de los objetos carentes de vida. En el caso de los seres humanos adultos será la mayor o menor capacidad de buscar lo que a la larga diferenciará a unos individuos de otros, sin embargo todos habrán de buscar para poder sobrevivir. (los más afortunados sólo deberán encontrar el refrigerador en la cocina).

Es posible que la capacidad de buscar y de encontrar, bajo determinadas circunstancias, sea una de las causas de la selección natural, más allá de los aparentes criterios objetivos que se han identificado para otorgarles, a unos individuos por sobre otros, condiciones de mayor eficacia biológica. La voluntad de buscar (que más adelante explicaremos) no guarda una relación de dependencia estricta con los recursos fisiológicos para ejecutar las búsquedas, por supuesto que mientras mejores herramientas se tengan para concretarla, mayor posibilidad de éxito habrá, sin embargo los recursos por sí solos no bastan. La visión antropocéntrica de un proceso de adaptación épico, donde las ventajas son vistas como virtudes similares a las que se esperan de los "buenos o capaces", tal vez nos impidan ver y valorar los múltiples "resquicios" invisibles en la huella paleontológica, que a lo largo de la evolución pueden haber operado, para inclinar la balanza hacia uno u otro lado. (la capacidad, finalmente se verifica cuando hay voluntad, de lo contrario se tratará sólo de un potencial supuesto).

La experiencia nos indica que no siempre los individuos que poseen "buenas" características para enfrentar "lógicamente" el problema, *son los que tienen éxito. En el caso de los seres humanos sabemos que los más "vivos" o astutos, son quienes en general encontrarán mejores soluciones para arreglárselas, y lo mismo ocurre con nuestras mascotas, aún cuando muchas veces no sean ellos los que detenten las mejores aptitudes fisiológicas. A veces convendrá ser tímido o incluso cobarde ("soldado que arranca sirve para otra guerra"), otras veces oportunista y aprovechador ("hierba mala nunca muere"), tal vez incluso mentiroso. Lo que normalmente consideramos una virtud no siempre es lo que sirve para tener éxito en la vida. Esa es la experiencia y sabemos que es cierta, ("la cruel verdad") sin embargo ninguna hipótesis recoge "la actitud" como una conducta importante y tal vez sea porque simplemente no hay forma de asociarla a un proceso de tipo biológico, entonces, ¿dónde podría estar radicada esa característica? Nuestras hipótesis sostienen que es la capacidad de emprender y ejecutar una búsqueda exitosa lo que permitirá la continuidad de la vida, y para lograrla muchas veces se requerirá de capacidades distintas que no necesariamente corresponderán a un tipo particular de constitución morfológica, sino a la combinación de muchos factores circunstanciales, siendo el fundamental la necesidad de concretarla ("la necesidad tiene cara de hereje"). Por ejemplo, entre algunos monos se da que en el apareamiento podrían tener tanto éxito los machos dominantes como algunos oportunistas que a escondidas copulan con hembras que no son sus parejas (**Helen Fisher**, Anatomía del amor), en este caso ser el macho dominante no necesariamente le significará dejar más descendencia. En consecuencia en muchas ocasiones será la particular forma en que se ejecuten las búsquedas específicas, lo que a la larga determinarán el éxito de los individuos de la especie, aún cuando en ocasiones vaya en contra de su propia estructura fisiológica, un ejemplo de esto último lo vemos en las cabras que suben a los árboles a ramonear.*

Todos los organismos están obligados a encontrar las sustancias que requieren para continuar viviendo. En consecuencia, los procesos de búsqueda son parte integral de los mecanismos que sirven para sostener la vida, tanto como cualquier parte del proceso metabólico. No hay búsquedas sin sentido, puede que muchas no sean exitosas y tal vez algunas sean dispersas, sin embargo el hecho de que no respondan a procesos lineales, como los físico químicos, no significa que sean aleatorias, puesto que requieren de un alto grado de efectividad para que la especie pueda sobrevivir. Esta efectividad estará dada por la capacidad de los recursos orgánicos destinados a lograr el objetivo. Es posible que la mayor parte de todas las funciones de todos los organismos vivos estén destinadas a buscar, las restantes deberán procesar lo encontrado.

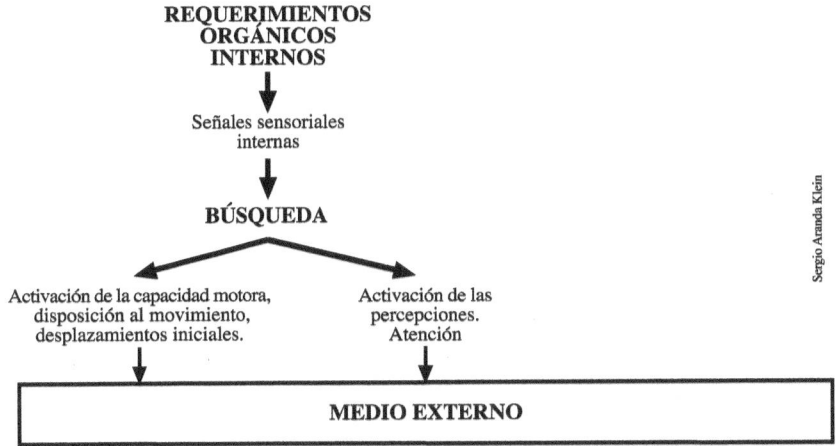

Es evidente que la primera búsqueda de cualquier organismo complejo será la alimentación (o su equivalente energético), la que junto con la respiración constituyen los elementos imprescindibles para la vida, con la diferencia de que, sea lo que sea que se respire, siempre estará presente en el medio en que nazca el individuo, no habrá que buscarlo (o al menos, no muy lejos). Los seres humanos tendemos a subvalorar el papel de la vida misma, el sólo hecho de estar vivos no es suficiente para nosotros que somos una especie especializada en explorar, evaluar, recordar y aprender. Estar vivo para los seres humanos es una función por defecto, no tiene gracia alguna si no es para algo (o por algo), por decirlo de otro modo, estar vivo es sólo el comienzo. Sin embargo para las otras especies estar vivo lo es todo, no hay nada más para ellas, y en estricto rigor tampoco para nosotros, puesto que finalmente sólo somos una especie más.

En consecuencia el sólo acto de nacer y continuar con vida constituye toda una hazaña, y así como el surgimiento de lo vivo debe haber sido un proceso difícil, raro, por decir lo menos (puesto que aunque es posible que exista vida en otras partes, no es evidente que sea común), la reproducción debe haber sido a lo menos igualmente rara, en todo caso no hay reproducción si no hay vida, la vida debe ser necesariamente primero. Es muy probable que los primeros organismos no se hayan reproducido en lo absoluto y que la reproducción haya surgido como un segundo evento tan infrecuente como el primero.

No parece que deba haber una relación necesaria e indispensable entre la ejecución de un proceso metabólico, la existencia de un sistema homeostático, y un proceso de reproducción, o no al menos en el inicio del surgimiento de la vida. Entonces, aunque es un hecho que actualmente "todos" los seres vivos de alguna forma se reproducen, no es para nada evidente que vivan para hacerlo. Aquellos que nunca desarrollaron esa capacidad probablemente se extinguieron con los cambios de las condiciones medioambientales que les permitió su formación, luego, parece que no habrá más evolución posterior sin reproducción. En todo caso, todo organismo que nazca se alimente y o respire, vivirá primero para él, y en el camino o, ¡al final de él! se reproducirá de acuerdo con instrucciones instintivas que se activan sólo estando vivo. No es ninguna diferencia semántica decir que, se reprodujo al final de su vida, a que, dio su vida o vivió para reproducirse, obviamente lo segundo es más poético, pero la poesía existe sólo para los seres humanos, y tampoco solemos dar la vida al final del proceso de concepción. Nuestra obligada visión antropocéntrica con seguridad nos hace tener muchas interpretaciones erradas respecto de fenómenos cuya comprensión no es posible con un análisis lineal. Es más, las células humanas son capaces de vivir para sí mismas fuera del cuerpo si les proveemos un sustrato adecuado. Quizás si el costo a pagar por vivir dentro y formar parte de un cuerpo o una comunidad sea "aceptar" cumplir sus funciones y morir cuando corresponda, al igual que gladiadores o soldados humanos. Un soldado sin ejército es igual que una célula aislada o una abeja perdida.

Es un hecho que cuando los organismos se agrupan, se originan búsquedas distintas de las que harían los individuos aislados. En el caso de los seres humanos es normal y común este tipo de conducta, de hecho toda agrupación se crea para buscar y conseguir algo independientemente de las búsquedas individuales de sus participantes. Insectos como las langostas, que de ordinario no son buenos voladores, cambian su estructura corporal agrandando las alas cuando se agrupan en grandes volúmenes dando origen así a las plagas migratorias. Las estrategias de caza de muchos predadores son diferentes cuando se realizan en grupo que cuando son individuales, y es muy posible que el frenesí de las pirañas ocurra cuando se encuentran en cardúmenes y no cuando se encuentren solas.

En todo caso, lo importante es que todo organismo, no importando su tamaño, complejidad o posición dentro de una agrupación, debe buscar en primer lugar para sostener su propia vida y luego para satisfacer otras necesidades relacionadas con su posición frente al entorno, como por ejemplo, la seguridad o protección de los elementos del medio ambiente, la reproducción y finalmente en el caso particular de los seres humanos (aunque no necesariamente en este orden), la satisfacción y el placer. Los seres humanos como especie hemos desarrollado la capacidad de proveernos, a una escala distinta a la que está disponible en la naturaleza, de los elementos que satisfacen nuestros requerimientos y que nos causan además satisfacción y placer.

La facultad de buscar es propia y exclusiva de los seres vivos, toda búsqueda es ejecutada para obtener algo, puesto que los mecanismos que permiten realizarlas forman parte integral de los sistemas que sirven para seguir viviendo o sobrevivir. **Tal vez muchas búsquedas no nos parezcan obvias pero ninguna es inútil.** Toda búsqueda comienza con un requerimiento orgánico y su alcance depende de lo que se deba obtener de acuerdo con las instrucciones instintivas que la originan.

Si bien todos los organismos deben buscar, los procesos emprendidos por aquellos que además tienen que aprender serán más complejos, sus búsquedas dependerán de su capacidad exploratoria, es decir, lo buscado no estará predefinido genéticamente con exactitud, deberán probar evaluar y recordar, sin embargo, no existen las instrucciones válidas de búsqueda que sean ajenas al potencial fisiológico del individuo a realizarlas, por el contrario, muchos individuos de diversas especies que aprenden podrán ejecutar búsquedas que no son normales en ellos, a las que serán inducidos a cambio de una recompensa que en la naturaleza no existe. Todos los animales que pueden ser amaestrados recuerdan y aprenden aquello que, estando en sus posibilidades fisiológicas hacer, realizan si la recompensa les reporta algún beneficio.

En ausencia de requerimientos orgánicos internos los individuos se encontrarán en estado de reposo respecto del medio externo. **No existe movimiento sin instrucción y toda instrucción obedece a algún tipo de requerimiento orgánico, por muy elemental que este sea.**

4.1   Las búsquedas humanas

Las búsquedas del ser humano como las de cualquier otra especie comienzan con su nacimiento, aunque es posible que muchas de ellas se inicien antes, en el interior del vientre de la madre, desde el momento mismo en que hayan órganos funcionales que requieran procesar sus propias sustancias. Sin embargo y para los efectos de este trabajo, nos centraremos solamente en las búsquedas externas realizadas por los individuos.

El humano recién nacido cuenta con un conjunto de respuestas instintivas que se activarán ante reacciones a señales sensoriales internas y externas. Estas respuestas que no dependen del aprendizaje se las denominan normalmente como reflejas, sin embargo tampoco se las llama instintivas porque aparecen como reacciones locales que en apariencia no están relacionadas directamente con la supervivencia, luego, no se las considera críticas en ese aspecto, tal vez sólo funcionales a acciones específicas accesorias al proceso mayor de vivir. La realidad es bien distinta, si una reacción no es aprendida entonces siempre será instintiva, no importa cual sea y donde esté ubicado su mecanismo de activación. Son justamente las reacciones reflejas o instintivas, que generan movimiento, las primeras herramientas del aprendizaje, puesto que la base de todos los movimientos son instintivos, y ellos están presentes en las llamadas acciones reflejas del bebé. Es durante los procesos de exploración que esos movimientos serán utilizados para construir los desplazamientos guiados por las reacciones, también instintivas, a las percepciones sensoriales. El aprendizaje se logra cuando en un proceso de búsqueda y exploración, el bebé y también los adultos, se aproximan a los objetos empleando un método equivalente al de ensayo error y recuerdo.

No obstante es evidente que los primeros movimientos del bebé no le permiten desplazamientos independientes, entonces su búsqueda consiste en lograr que lo requerido llegue hasta él. Las instrucciones instintivas para sus movimientos seguirán estando presentes durante toda su vida de adulto, sólo que ocultos tras los movimientos aprendidos.

Toda búsqueda, realizada por cualquier especie, se llevará a cabo de acuerdo con sus recursos biológicos, por lo tanto no podemos hacer abstracción de algunos de ellos para explicar como funcionan los otros solos, puesto que unos sin los otros no tienen sentido. Sin duda el organismo es un sistema y como tal sus operaciones son interdependientes, es por esto que a continuación vamos a definir algunos conceptos que necesitamos utilizar aunque no nos referiremos específicamente a su origen hasta más adelante. No obstante creemos que a pesar de dejar pendiente la explicación de donde salen, su funcionamiento según nuestra definición, quedará clara. Nuestra pretensión es definir desde el punto de vista biológico, conceptos que se han interpretado de múltiples maneras a lo largo de la historia.

Vamos a comenzar por el concepto de conciencia: De nuestro trabajo se desprende que, **conciencia es el conjunto de recuerdos de las experiencias propias, que se han obtenido durante los procesos de búsquedas, por medio del registro en la memoria, de las respuestas a la percepción de los elementos del entorno.** Este

conjunto de recuerdos, que también llamamos experiencia personal, es individual puesto que está construido sobre la base de los
valores instintivos, de reacción y respuesta a las percepciones, que
han formado cada uno de los recuerdos que lo componen, y ellos
son diferentes entre cada persona. Luego se es conciente cuando se
tienen recuerdos que serán utilizados como elementos de comparación tanto respecto de las señales percibidas en nuevos procesos
exploratorios, como de las obtenidas en el simple acto de percibir
una señal sensorial sin mayor propósito. De esto se desprende que
la identidad de un individuo estará radicada en el total de sus recuerdos, en el conjunto de sus valores de reacción y respuesta, y en
la relación entre ambos, puesto que los recuerdos están formados
por la preservación de estos valores en su memoria y su recuperación depende de que ellos sean interpretados del mismo modo en
que fueron almacenados. **No hay recuerdo con base real si no se ha
adquirido por la vía de la percepción.** No se puede introducir en
forma artificial un recuerdo funcional en la mente de alguien si no
está construido con los valores propios de reacción de ese individuo.
De hecho hasta nuestros auténticos recuerdos, requieren de la existencia de una ruta temporal perceptiva, de lo contrario quedan in-
conexos, tal como les ocurre a las personas que justamente "pierden
la conciencia" o son incapaces de trazar una línea continua respecto
de sus percepciones (que ocurrió antes y que después). Esos vacíos
de recuerdos o conciencia son muy comunes, sobre todo en los be-
bedores excesivos cuyas percepciones se alteran y se pierden (no se
almacenan), cuando están embriagados.

Por otra parte, si ignoramos nuestros recuerdos previos y pro-
cedemos guiados únicamente por la necesidad urgente de ejecutar
una búsqueda, actuaremos de forma inconsciente, el solo hecho de
tener los recuerdos no significa que necesariamente vayamos a utilizarlos, o al menos, no todo el tiempo.

Asociado al concepto de conciencia está el de pensar. **Pensar
consiste en rastrear o buscar entre los recuerdos almacenados en
la memoria, aquellos elementos que nos producen una asociación coincidente inconsciente, o que necesitamos para alcanzar**

un objetivo en una búsqueda. La asociación entre lo que se percibe y lo que se recuerda estará directamente relacionada con la urgencia de la búsqueda. A mayor necesidad de encontrar, mayor será el esfuerzo por hallar una relación útil entre lo percibido y los elementos memorizados, lo cual no significa necesariamente que encontraremos esa relación. Si al buscar una cosa que hemos perdido no logramos ubicarla, significa que no hemos localizado los recuerdos adecuados, y si después de todo casualmente la encontramos, entonces diremos, ¡ah, ya me acordé lo que pasó!, puesto que al ver donde estaba agregaremos elementos adicionales que estando en los recuerdos no eran parte del hilo conductor que seguíamos en la búsqueda de ellos. Esta idea de seguir un hilo conductor entre las acciones recordadas es trivial para todos quienes hayan buscado algo perdido. Curiosamente antes de buscar en la realidad física del entorno, habrá que hacerlo primero entre los recuerdos, es decir, tendremos que pensar. ("..¡piensa dónde lo dejaste..!").

Por otra parte, la sola asociación entre elementos percibidos y los que se encuentran en la memoria no significa que sean necesariamente parte de una búsqueda. **La activación de los recuerdos puede producirse también como el resultado espontáneo de poner atención sobre determinadas señales sensoriales**, que estando presentes en el entorno, activarán valores semejantes guardados en la memoria, luego, en estos casos el acto de pensar será más bien el que resulte de traer a tiempo presente los recuerdos sin más fin ni propósito que aquel que se desencadene instintivamente, como consecuencia de la evaluación de las señales sensoriales percibidas y el seguimiento de un hilo conductor que relacionará distintos eventos recordados. En otras palabras, simplemente recordar. Ejemplo, "vi aquello y me acordé de cuando yo estaba…".

Resumiendo diremos, por ahora, que habrán a lo menos dos situaciones distintas en las cuales haremos uso de los recuerdos, es decir, pensaremos. En la primera, la relación surgirá cuando en un proceso de búsqueda de exploración, la atención sobre los valores sensoriales percibidos produzca la coincidencia con algunos guardados en la memoria. Probablemente este es el caso más cotidiano y el más importante. Cada vez que simple y literalmente buscamos algo concreto, lo hallaremos cuando lo percibido coincida con lo recordado (no siempre es tan fácil, algunas personas son capaces de intentar subirse al automóvil equivocado).

El segundo caso que mencionamos es aquel que se produce cuando al percibir una señal sensorial reaccionamos con una sensación que relacionamos "mecánicamente", instintivamente, con algún valor equivalente guardado en la memoria y que nos induce de forma igualmente mecánica al proceso de pensar, de recordar el evento perceptivo que dio lugar por primera vez a esas sensaciones. Cada vez que una señal sensorial active un elemento de memoria pensaremos si buscamos su origen.

El acto de rastrear o de buscar en nuestra memoria, de pensar, no es un proceso lineal, los recuerdos no son datos exactos ni rigurosos, son valores de señales sensoriales que están registrados según los grados o niveles de las sensaciones producidas en el acto de percibirlos (que más tarde explicaremos). Con facilidad podremos confundir los recuerdos y los elementos contenidos en ellos. Recordar siempre será un proceso de aproximación secuencial, que comenzará con la coincidencia de algunos valores, y se extenderá a los demás elementos contenidos en el evento sensorial memorizado. Un aroma nos llevará sucesivamente a un lugar, una época, una situación, etc. De ahí la idea del hilo conductor.

Sin embargo pensar será siempre el resultado de una búsqueda de los elementos contenidos en la memoria, no existe ninguna otra forma de pensamiento, incluso cuando el recuerdo haya sido motivado instintivamente (ex profeso evito las palabras "involuntario" o "inconsciente", cuyos significados hemos utilizado de otro modo en este trabajo), puesto que de todas maneras el seguimiento de su origen requiere de la existencia de la voluntad (necesidad de encontrar), luego ésta se ejecutará si el organismo de algún modo lo necesita, "aunque sea sólo para saber". Veamos un ejemplo, si resulta que teniendo hambre sentimos un aroma a comida o uno similar que nos la recuerde, entonces pensaremos en las comidas que recordemos, por el contrario, si no tenemos hambre en lo absoluto, podría hasta molestarnos. Con este ejemplo tan común vemos que efectivamente para hacer las asociaciones mentales se requiere la voluntad, el interés, la necesidad. Muchas veces querríamos hacer exactamente lo contrario, evitar obtener percepciones, si sabemos que, "nos traerán malos recuerdos", curiosamente en esos casos igual recordaremos lo malo, lo que en realidad trataremos de evitar, será seguir pensando en ello. En conclusión, se puede tener o no la disposición a pensar, sin embargo, es muy probable que el acto de buscar mecánicamente en la memoria sea instintivo, **el componente consciente estará asociado con búsquedas específicas.**

Con todo y aunque parezca de perogrullo, si no hay recuerdos entonces no hay conciencia y tampoco pensamiento. Por otra parte los recuerdos serán siempre el resultado de la experiencia, de interactuar sensorialmente con los elementos del medio. Si no tenemos recuerdo de una comida, y su olor no es evidente, entonces no tendremos ninguna razón para asumir que de eso se trata lo percibido. Los bebés no tienen por qué saber que lo que tiene al frente es comida si nunca antes la han visto, ellos instintivamente "presumen" que ¡todo! puede ser comestible, por eso no dudarán en llevarse a la boca cuantas cosas puedan atrapar, más tarde y gracias a la acumulación de recuerdos se harán un poco más selectivos.

Finalmente, asociado al proceso de pensar está la idea de inteligencia. Si conciencia es el conjunto de recuerdos y pensar la acción de buscar entre ellos, **inteligencia será la relación más o menos eficiente en el uso de los recuerdos para obtener una solución satisfactoria a una búsqueda exploratoria específica.**

Como los recuerdos están construidos con los valores de las señales sensoriales, que han producido reacciones y respuestas que se han almacenados en la memoria, entonces el contenido de ellos estará asociado a la personal capacidad de reacción sensorial de cada individuo. Es evidente que a la hora de pensar cada persona buscará y relacionará de acuerdo a los contenidos de sus propios recuerdos, si en ellos priman los valores provenientes de unos sentidos por sobre otros, entonces sus respuestas estarán orientadas en la dirección de esos sentidos. Si una persona es más receptiva frente al movimiento de las cosas que, por ejemplo, respecto de los sonidos, es muy probable que sus respuestas a búsquedas relacionadas con el movimiento sea más efectivas que aquellas que involucren sonidos.

De lo anterior se desprende que se puede pensar mucho (recordar muchos eventos perceptivos) y no lograr hacer una relación útil, es decir, no ser muy inteligente para algunos tipos de soluciones, o bien, recordar unos cuantos eventos y extraer de ellos una buena solución en otras áreas. Por supuesto que mientras más recuerdos se tienen, mayor conciencia y mayor probabilidad de contar con elementos para hallar buenas soluciones. La habilidad para relacionar o asociar los distintos elementos de nuestros recuerdos es instintiva. (como dice el dicho, se nace o no se nace). Es importante recalcar que la inteligencia es el resultado de una habilidad particular, que no necesariamente es extensible a otras conductas, puede haber gente muy inteligente en algunos aspectos y sumamente torpe en otros.

Como es evidente, si no tenemos recuerdos tampoco tendremos conciencia, esto es lo que ocurre con un recién nacido y también con una persona adulta que haya perdido la memoria o sea incapaz de recordar (¡perdió la conciencia!). Cuando tratamos de inconsciente a alguien, en general nos referimos a su falta de capacidad para relacionar sus acciones presentes con el recuerdo de los resultados nefastos de experiencias anteriores similares que se supone todos conocemos, aunque también sabemos que "la experiencia ajena nunca sirve". Es por ello que los adolescentes están condenados a actuar de forma inconsciente, puesto que son buscadores ávidos sin recuerdos de experiencias previas. Por otra parte quienes van perdiendo la memoria van siendo cada vez más inconscientes.

Ahora bien, a la luz de estas definiciones es claro que toda respuesta instintiva es inconsciente, puesto que sólo se puede ser conciente respecto de lo que se ha memorizado, sin embargo hay un hecho más que complica está situación. La adquisición de recuerdos por la vía de la experiencia, que es en definitiva lo que crea la conciencia, permitirán elaborar respuestas que funcionarán en ausencia de las instintivas (más tarde explicaremos esta situación), siguiendo un patrón de respuesta como si lo fueran. Se da entonces la paradoja, respecto de lo que se acepta comúnmente y no de esta teoría, de que muchas respuestas aparentemente instintivas han sido fruto justamente de la adquisición de recuerdos, del aprendizaje, y en consecuencia del aumento de conciencia (se tiende a creer que lo aprendido es totalmente opuesto a lo instintivo, lo que afirmamos es que las respuestas aprendidas, por la vía de la repetición, operarán funcionalmente como si se trataran de respuestas instintivas).

Lo que en verdad ocurre es muy simple. Toda búsqueda nace de un requerimiento orgánico que demanda la acción a través de instrucciones instintivas, si para llevar a cabo esta búsqueda es necesario realizar desplazamientos en el entorno, entonces se produce un proceso de exploración, el cual se caracteriza por la ejecución de movimientos de desplazamiento guiados por medio de las percepciones sensoriales (cuyos valores de reacción también son instintivos). Para que este proceso exploratorio sea eficiente requiere de la atención, es decir del enfoque de los sentidos en la dirección del trayecto, cuando esto ocurre se generan recuerdos, y dependiendo de variables como la repetición y la intensidad de las sensaciones que produzca (que más adelante analizaremos), estos recuerdos pueden constituirse por sí mismos en aprendizaje. Si el resultado de la búsqueda ha sido exitoso, entonces recordar el evento representará una ventaja para satisfacer posteriormente un nuevo requerimiento orgánico similar. El recuerdo y repetición sistemática de los movimientos exitosos constituye el aprendizaje, luego el uso frecuente de estos movimientos hará que se transformen en mecánicos y equivalentes a los reflejos o instintivos. Tal es el caso de todos aquellos movimientos que se aprenden mediante la práctica y el entrenamiento, los cuales una vez dominados se repetirán con un mínimo de conciencia y en muchos casos en forma totalmente inconsciente (sin recordarlos, sin pensar). Justamente por esto los sonámbulos pueden caminar dormidos, no tienen que pensar.

En el esquema que sigue a continuación, hemos incluido un gráfico en el que se muestra como partiendo de cero se van incorporando los movimientos mecánicos aprendidos como recursos equivalentes a los instintivos.

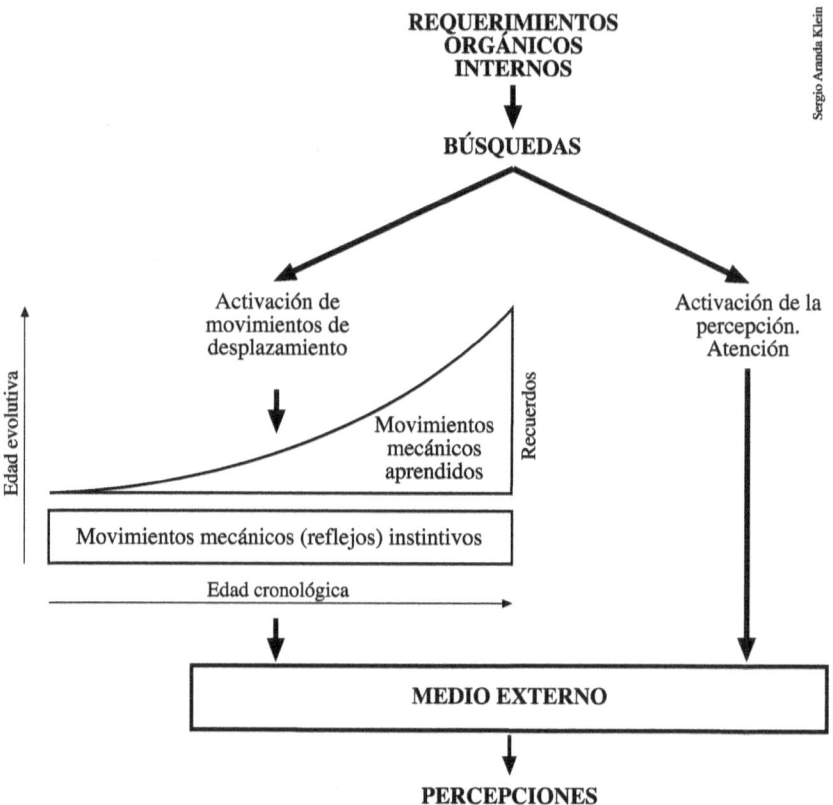

Los seres humanos a lo largo de la vida y particularmente durante la niñez aprenderemos decenas o cientos de movimientos que seremos capaces de ejecutar en forma mecánica. Para utilizarlos no es necesario elaborarlos nuevamente, una vez que se han aprendido funcionarán como si fuesen instintivos, en otras palabras, el aprendizaje consiste justamente en crear respuestas que no existen de modo instintivo. **Toda rutina es la repetición mecánica de los movimientos asociados a una búsqueda exitosa que hemos aprendido**. Cada vez que hacemos algo que hemos hecho cientos de veces lo hacemos sin pensar, no hay que construir una nueva ruta cada vez. Por el contrario estaremos obligados a recordar, a pensar, en cada oportunidad en que nos enfrentemos a una nueva búsqueda en un contexto desconocido o diferente.

En conclusión habrán movimientos mecánicos, instintivos y aprendidos. Los aprendidos serán el resultado del aumento de conciencia o del recuerdo de experiencias propias. Es muy probable que en la vida cotidiana ambos tipos de movimientos se presenten combinados, de modo que puede resultar muy difícil saber la procedencia de un movimiento específico, sobre todo porque los movimientos aprendidos han sido construidos sobre la base de los movimientos instintivos. Luego no existen los movimientos sin base instintiva, por muy exóticos que parezcan.

Los movimientos aprendidos que no puedan ser ejecutados de forma mecánica se encontrarán en la fase exploratoria o de asimilación, veamos algunos ejemplos: Si un bebé intenta tomar una cuchara y no lo logra, esto significa que aún no ha coordinado lo suficiente los movimientos instintivos como para alcanzar el objetivo de esa búsqueda, sin embargo una vez obtenida la destreza necesaria, ese movimiento aprendido, sobre la base de controlar los instintivos, se realizará de manera mecánica desde ese momento y para siempre (mientras lo recuerde). Antes del siguiente ejemplo conviene aclarar, por si ha parecido curioso, que efectivamente el acto de controlar la cuchara corresponde a la ejecución de un paso en una búsqueda si es que mediante él, se obtendrá finalmente el alimento que requiere el organismo. La satisfacción de un requerimiento orgánico puede producirse mediante la realización de búsquedas complejas. **En la naturaleza otras especies desarrollan numerosos pasos hasta llegar finalmente a su alimento. El hecho de que los seres humanos creemos pasos artificiales no cambia en nada el sentido original de la búsqueda a lo más la complejiza, y es por ello que en general los niños prefieren comer con las manos.** No importa que tan rebuscada sea la forma de conseguir nuestro alimento, al final siempre tendremos que llegar a él (algunos animales como las arañas elaboran complicadas trampas para atrapar sus presas, siendo la más conocida, su famosa red).

Obtener el alimento a través del uso de la cuchara constituye un paso de búsqueda muy simple que sólo requiere para su satisfacción el coordinar los movimientos necesarios para manejarla. En este caso, el uso del movimiento instintivo de las manos o "reflejo prensil" es el que sirve para adquirir el aprendizaje de los nuevos movimientos, los cuales una vez dominados serán empleados por el bebé para intentar agarrar variadas cosas, dando así origen a otros movimientos y aprendizajes (utilizar palillos para comer pareciera ser el sumun de la complejización de esta operación).

Otro ejemplo se produce cuando buscamos aprender a andar en bicicleta, en cuyo caso el requerimiento orgánico a satisfacer es la sensación de agrado y de placer por lograrlo (que más adelante explicaremos). Al igual que en cualquier nuevo proceso exploratorio las herramientas a utilizar serán, los movimientos mecánicos, nuestros sentidos, y los recuerdos anteriores, como por ejemplo haber visto antes a alguien montado en una bicicleta, lo cual nos permitirá una búsqueda consciente. Con todo ello iniciaremos un proceso de ensayo, error y recuerdo, generando así los nuevos movimientos necesarios para conseguir el objetivo. En el proceso mismo trataremos de adaptar nuestros movimientos conocidos a las nuevas condiciones probando cada vez los resultados. Si la necesidad de satisfacer esta búsqueda es muy fuerte, es decir, si tenemos un requerimiento orgánico o motivación que puede estar gatillada por la felicidad que vemos que demuestran otros niños que lo han logrado, entonces insistiremos hasta conseguirlo, toda vez que estamos conscientes (recordamos) que se puede. En este caso nuestra insistencia nos permitirá ejecutar y recordar los movimientos aprendidos hasta hacerlos mecánicos, y si en el proceso hemos adquirido cierta destreza entonces no los olvidaremos. Los podremos repetir como si fuesen instintivos.

Por el contrario, si nunca hemos visto a nadie hacerlo, ni tenemos ningún recuerdo que nos indique que se puede, y además no sabemos que nos vaya a hacer felices, entonces lo más probable es que ni siquiera lo intentemos.

Los seres humanos desde muy pequeños tenemos conciencia (recuerdos) de las sensaciones agradables, puesto que ellas son el resultado de reacciones orgánicas a diferentes valores de las señales sensoriales, que le indican instintivamente al organismo que cosa es agradable y que no, como veremos más adelante estas reacciones son nuestro mecanismo de evaluación de las percepciones. Luego, el recuerdo de una sensación de agrado o placer puede ser motivo suficiente como para emprender una búsqueda. En el caso de la bicicleta, ver la felicidad de otros niños nos hará recordar nuestra propia felicidad (agrado) y nos "estimulará" para emprender la búsqueda propia (la observación de la pena o tristeza igualmente nos puede hacer recordar nuestros propios momentos tristes).

Todas las madres dan de ejemplo a sus hijos, las conductas de otros niños, cuando quieren que el suyo haga algo por primera vez (¡viste cómo le gusta!).

Los movimientos instintivos puros sólo están presentes en el recién nacido, puesto que desde ese mismo momento comenzará el recuerdo y el aprendizaje, y si bien éste no es rápido, se debe justamente a que el escaso desarrollo del bebé no le permite ejecutar todos los movimientos instintivos que está programado genéticamente para realizar, ya que muchos de ellos requerirán que alcance cierto grado de desarrollo en sus capacidades para que puedan expresarse, como por ejemplo el modular sonidos y caminar.

Todas las búsquedas y sus movimientos son voluntarias, los organismos no ejecutan movimientos inconducentes a menos que estén enfermos o sufran de alguna anomalía, cada movimiento cumple un propósito respecto del sistema que lo produce y siempre obedece a una instrucción. Distinta es nuestra percepción y grado de conciencia o inconciencia en cuanto a la existencia de un movimiento. Por supuesto no tenemos recuerdos del movimiento de los órganos internos, toda vez que tampoco tenemos forma de percibirlos si no es indirectamente, sabemos que nuestro corazón late porque podemos percibirlo al tacto cuando ponemos nuestra mano sobre el pecho. **Los movimiento de los órganos internos no están involucrados en las búsquedas externas, es por ello que no es necesario percibirlos ni recordarlos, lo que no significa que sean involuntarios.** Involuntarios, ¿respecto de quién?, por supuesto, de nuestros recuerdos y conciencia.

Los medios fisiológicos para obtener los recursos externos no incluyen la posibilidad de una introspección tal, que le permitan al individuo "juzgar" y modificar consecuentemente el origen de las demandas orgánicas. Por lo tanto, las acciones que pueden ser efectivamente controladas y recordadas serán aquellas que tengan por objeto conseguir los elementos o condiciones requeridas por el organismo. Si tenemos sed, hambre o frío, o incluso, si estamos excitados sexualmente, habrá que hallar un modo de satisfacer estas necesidades, independientemente de que podamos preguntarnos por qué se producen, puesto que, en todo caso, ninguna pregunta ni su eventual respuesta podrá modificar los procesos metabólicos, sin alterar la funcionalidad original que hizo que la pregunta pudiera ser hecha (en el transcurso de nuestra explicación dejaremos claro el alcance de estas afirmaciones).

Probablemente la percepción de la sensación del dolor sea útil para emprender, con un grado de urgencia mayor, la búsqueda de sustancias o condiciones que puedan satisfacer la necesidad específica de mejoría. Es evidente que dichas percepciones son bien distintas a las generadas habitualmente por los requerimientos de primer orden. El estado de enfermo, es gracias al dolor o malestar, inconfundible con cualquier otra condición. Si no sintiésemos dolor probablemente no sabríamos que estamos enfermos.

Entonces el hecho de que todos los movimientos normales sean voluntarios no significa que sean necesariamente concientes. Cotidianamente ejecutamos decenas de movimientos inconscientes. Levantarnos de la cama y ponernos de pie, tomar la taza, revolver, llevarla a la boca, dejarla en el platillo, levantarnos de la mesa, dirigirnos a la salida, cerrar la puerta, etc. Muchos de estos movimientos los haremos sin siquiera mirar, sólo adquirimos conciencia de ellos cuando por alguna razón no resultan bien. **Este adquirir conciencia consiste en tener que recordar lo que estamos haciendo, pensar.** Si por algún motivo la taza que nos llevamos a la boca está vacía, entonces detendremos la ejecución mecánica del proceso inconsciente, y aplicaremos nuestros sentidos para tratar de averiguar que pasó comenzando así una nueva búsqueda. A partir de ese momento se inicia un proceso de exploración, cuyo fin es lograr darle continuidad a la ejecución de los movimientos mecánicos que nos permitían satisfacer nuestro requerimiento alimenticio en forma regular. Si esta situación no ha sido simplemente un error sino que responde a un cambio permanente, entonces deberemos crear un nuevo conjunto de movimientos con los cuales podamos adaptarnos al nuevo esquema. Si la taza en cuestión, que antes nos dejaban servida, la tendremos que comenzar a llenar nosotros desde otro recipiente, entonces crearemos una nueva ruta recordando los pasos para ejecutarla. A los pocos días estos nuevos movimientos los haremos en forma tan mecánica e inconsciente como los primeros.

Tal vez lo que nos cuesta trabajo asimilar, sea justamente el hecho de que para satisfacer nuestros requerimientos orgánicos tengamos que ejecutar gran cantidad de pasos artificiales, tantos que nos parece difícil que ellos realmente obedezcan en definitiva al cumplimiento de instrucciones instintivas.

Toda búsqueda exploratoria es consciente si en su transcurso comparamos los valores sensoriales de las percepciones, con aquellos que tenemos almacenados en la memoria, es decir, si pensamos. Por el contrario, actuaremos de forma inconsciente si ejecutamos esas mismas búsquedas guiados sólo por nuestras sensaciones.

Es justamente la facultad de generar recuerdos que puedan ser utilizados como respuestas complementarias a las instintivas lo que les da a los seres humanos su característica distintiva. **Luego todos los pensamientos son conscientes***, independientemente de sus contenidos y resultados. Los juicios de valor respecto del uso de la conciencia para obtener juicios racionales, son sólo creencias infundadas. La historia abunda de juicios racionales que lo son para

---

* *Los sueños equivalen a un proceso inconsciente de obtención de recuerdos, parecido al pensamiento. Sin embargo su gran diferencia con éste, es que en aquel no hay una búsqueda que cumpla algún propósito, por el contrario, los elementos recordados durante el sueño, serán obtenidos en forma aleatoria entre aquellos que contengan valores de sensaciones significativos, y que tal vez tengan entre sí alguna relación causal o temporal.*

quienes los hacen y califican de ese modo, sin embargo quienes sufren las consecuencias de los actos que desencadenen, pueden perfectamente calificarlos de absolutamente irracionales. La racionalidad o irracionalidad entonces no dependerá de los juicios en sí, sino de quién los califique.

Entonces la fuente del aprendizaje serán las búsquedas exploratorias, ya sean conscientes, guiadas por recuerdos anteriores, o inconscientes, guiadas exclusivamente por las sensaciones. Ya que en ambos casos podrán generarse nuevos recuerdos. Esta conclusión es elemental para cualquier profesor de primaria.

Mediante el uso de la conciencia los seres humanos podremos prever las consecuencia de muchos de nuestros actos, lo cual nos permitirá programar parte de nuestros procesos de búsqueda, adoptando conductas en base al recuerdo de experiencias previas. Un ejemplo cotidiano lo tenemos cuando nos levantamos temprano para conseguir algo, esta programación sabemos que no es gratuita, la hacemos para obtener un beneficio, y **todo beneficio siempre implica la satisfacción de un requerimiento orgánico**, aunque sea de manera indirecta. Cuando nos levantamos temprano para ir al trabajo, lo hacemos porque al final de un periodo de tiempo preestablecido recibiremos a cambio un sueldo con el cual satisfaremos nuestras necesidades básicas, eso lo sabemos, esperamos que ocurra, el día del pago está en nuestro recuerdo. Tal vez sea difícil ver la relación causa y efecto entre hacer numerosas actividades durante muchos días para obtener finalmente un beneficio de tipo orgánico. Lo que ocurre es que pertenecemos a una especie especializada en aprender y eso significa que podemos recordar gran cantidad de experiencias y ejecutar múltiples funciones para obtener algo. Nuestros lejanos antepasados debieron haber perseguido durante días a su presa hasta alcanzarla, o haber esperado a que algún fruto madurase. Justamente en eso consiste aprender, recordar múltiples experiencias anteriores para saber que es, y dónde hay que buscar, para obtener lo que necesitamos (el dinero se constituye en un motivo de búsqueda porque sirve indirectamente para satisfacer requerimientos orgánicos).

Lo que **Pávlov** obtuvo en sus perros con unas pocas campanadas, nuestros empleadores lo obtienen luego de 30 días de trabajo a cambio de un sueldo. Levantarse e ir a trabajar como parte de los condicionamientos para obtener beneficios es algo tan trivial que no reparamos en ello, y desde luego, ese trabajo lo hacemos porque al final recibiremos la paga con la cual podremos adquirir lo necesario para vivir. Tal vez Pávlov fue ingenuo, puesto que los perros también se adaptarán o condicionarán sus conductas a las costumbres y expresiones lingüísticas de diferentes amos, distintas casas, hábitos, e incluso trabajos, con tal de conseguir lo que necesiten, al igual que hacemos los seres humanos (es probable que la interpretación de Pávlov se fundamente en el hecho de que en la época se consideraban respuestas instintivas, todas aquellas conductas aparentemente involuntarias o inconscientes, entre las que no se encontraban ninguna que fuese fruto del aprendizaje).

A los niños se les enseña durante años con el argumento de que ese aprendizaje les será útil en el futuro para ganarse la vida y ser independientes. Por supuesto que ellos al no tener experiencias previas acerca del trabajo (aunque hay excepciones con los niños que sí trabajan), no pueden imaginar como será esta situación tan lejana, así que los padres deberán recurrir a variados métodos alternativos para demostrarles con recompensas como el estudio es su forma de trabajar, aunque muchas veces será pago suficiente la sola amenaza de castigo si no cumplen.

Recordar es primer paso del aprendizaje, y aprendemos para poder vivir, esa es la única lógica de nuestra existencia. ¿quién trabajaría o estudiaría si al final no hubiese recompensa alguna? Para levantarse cada mañana los seres humanos necesitan saber que tienen algo que hacer, que hay una nueva búsqueda que emprender o una que terminar, como mínimo tomar el desayuno. Por el contrario si alguien al despertarse no tuviesen nada que buscar, nada que obtener, nada que hacer, si no fuese a ver ni hablar con alguien, esa persona con certeza no se levantaría. No obstante algo tendría que intentar para gastar el exceso de energía.

4.2   Los requerimientos

Con anterioridad dijimos que, los requerimientos orgánicos son todas aquellas instrucciones instintivas que sirven para activar los mecanismos necesarios para obtener las sustancias y condiciones del exterior, que a su vez, permiten la realización de los procesos metabólicos que dan continuidad al vivir. Puesto que como hemos visto, la materialización de una necesidad sólo puede verificarse con la existencia de una instrucción, luego ellas son las que representan los requerimientos.

Ahora bien, es muy probable que estos requerimiento hayan aumentado en el transcurso de la evolución, en la medida que los organismos pertenecientes a una determinada especie desarrollaran y se hiciesen dependientes de nuevas funciones orgánicas. Para que esto sea posible, la capacidad operatoria de cada nueva función dependerá de que sus instrucciones sean coherentes y puedan asociarse con las ya existentes, de este modo la, modificación, suma o acoplamiento entre ellas representará un aumento en las capacidades totales del individuo, o bien la posibilidad de adaptación a nuevas condiciones en que unas funcionalidades serán reemplazadas por otras, ya sea en procesos graduales o abruptos.

Toda evolución debe ocurrir en una estructura funcional que preste soporte material sobre el cual operen los cambios. El hecho de que se agreguen o desarrollen funciones implica que necesariamente se han de preservar las instrucciones de aquellas sobre las cuales se estructuraron las siguientes, lo cual es consistente con el creciente tamaño observado del genoma en los organismos con mayor cantidad de funciones (más complejos). Es posible también que la gran cantidad encontrada de genes que aparentemente no cumplen ninguna función se deba a que muchas de ellas dejaron de ser fenotípicas en el transcurso de la evolución, sin embargo, no pueden dejar el genoma. Siguiendo esta idea está también la posibilidad de que muchos genes sirvan para inhibir el funcionamiento de otros que son incompatibles con nuevas operaciones.

En cualquier caso resulta evidente que los organismos deberán ser viables en cualquier momento durante el camino de su evolución, y si partimos del supuesto indispensable que todo proceso evolutivo pasa por la modificación y o desarrollo de funciones, aunque algunas de ellas posteriormente no se expresen, entonces necesariamente las instrucciones que les permitan cumplir sus requerimientos en todo instante provendrán de distintos estadios evolutivos. Siendo siempre las más antiguas las relacionadas con las funciones metabólicas, que son desde el inicio de la vida las que la sostienen, como es el caso, por ejemplo, de las rutas metabólicas de la glucólisis y el ciclo de Krebs.

Por el contrario donde las variaciones genotípicas han desplegado múltiples posibilidades ha sido en los mecanismos de relación con el medio ambiente. Es aquí donde somos testigos de una gama impresionante de formas y usos en las distintas especies. Luego una conclusión necesaria es que existe cierto grado de independencia entre las distintas funciones orgánicas y ello es lo que favorecería justamente la evolución misma, puesto que parece poco probable que todo cambio evolutivo comprometa al mismo tiempo a todas las funciones del individuo, y esto hace posible justamente la idea de una estructuración sucesiva (lo que no necesariamente impediría procesos involutivos).

Dividir las funciones orgánicas de acuerdo a niveles de operación respecto de la consecución del fin último, que es seguir viviendo, tiene sentido en la medida que hemos visto que toda instrucción tiene una trayectoria que parte con la demanda de sustancias y condiciones, y finaliza con la obtención de las mismas, sin embargo resulta evidente que en este trayecto ascendente la mayor diferencia entre estructuras y funciones de diferentes especies se produce en la forma de obtener lo requerido del medio ambiente. Puesto que, ante equivalentes demandas energéticas, las especies resolverán sus búsquedas de modos distintos, e incluso, individuos particulares tendrán múltiples alternativas de conseguir lo buscado siguiendo trayectorias externas diferentes.

En el caso de los seres humanos sabemos por la experiencia cotidiana, que los individuos pueden prescindir (involuntariamente) de diversas funcionalidades orgánicas relacionadas con su vinculación con el medio externo y aún así conservar la capacidad de conseguir de él lo que necesitan para vivir. Perder dedos, un brazo, quedar sordo, etc. no vuelve inviable a un individuo, sin embargo no ocurre lo mismo con el hígado, el corazón o los pulmones. Cuando hablamos de mecanismos redundantes nos referimos más bien a aquellos que sirven para ejecutar las búsquedas en el exterior y no a todas las capacidades orgánicas por igual.

La capacidad de percibir sensaciones, de recordarlas, de utilizar esos recuerdos y finalmente de elaborar nuevos recuerdos, otorga a los seres humanos un abanico de recursos cuyo potencial va mucho más allá de la simple redundancia. Sin embargo se trata sólo de eso, un potencial (probablemente la capacidad de volar también surgió inicialmente como algo que se transformó en un potencial).

Es un hecho que mientras más recursos de búsqueda tengan las especies con mayor facilidad sobrevivirán. Y así como se puede vivir con limitaciones orgánicas (físicas), también lo podemos hacer sin explotar nuestras habilidades mentales. Definitivamente es posible desarrollar una vida enteramente normal haciendo muy poco uso de la conciencia o la inteligencia como las hemos definimos antes. Estas funciones están en el tope de los recursos para ejecutar las búsquedas y serán exigibles en grado máximo sólo en condiciones muy extremas (lo cual no impide que individuos aislados se especialicen en su uso).

Como vemos, la posibilidad de prescindir de algunas funciones es mayor mientras más nos acerquemos a la manera misma en que un individuo particular resuelve concretamente sus búsquedas, puesto que una vez elegida una alternativa las demás quedan desechadas automáticamente. **El potencial total de recursos orgánicos para lograr lo requerido siempre será mayor que lo utilizado**, está regla es la que permite sortear eventuales relaciones lineales entre lo buscado y lo obtenido, o dicho de otro modo, evitará la dependencia de ciertas condiciones ambientales estrictas.

Por todo lo anterior proponemos una división de los requerimientos orgánicos en función de la posición que ocupen sus instrucciones en el trayecto que va desde la manifestación de una necesidad metabólica hasta la ejecución de las acciones necesarias para satisfacerla.

A continuación exponemos dos distintos esquemas para tratar de reflejar una misma situación.

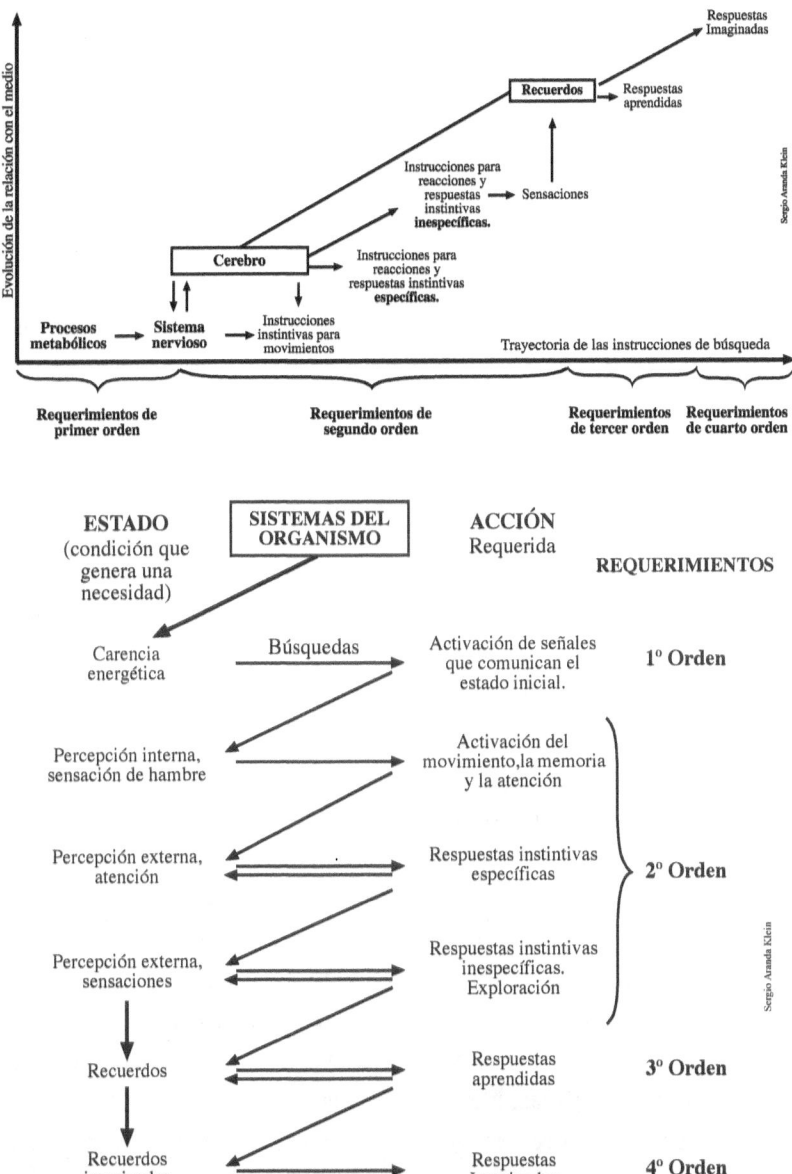

4.3 Requerimientos de primer orden

Los "Requerimientos de primer orden" constituyen el primer conjunto de instrucciones instintivas que serán activados por el organismo para obtener algo del medio ambiente. Las demandas orgánicas que generan estas instrucciones son independientes del entorno, es decir, tienen que ver principalmente con el cumplimiento de las funciones metabólicas para que la vida pueda continuar, sean cuales sean las condiciones medioambientales. Es decir, estas instrucciones son independientes de los desplazamientos, de las percepciones y de la memoria (una persona en "estado de inconsciencia" igual sigue realizando los procesos metabólicos).

Las instrucciones correspondientes a los requerimientos de primer orden son generadas directamente por los órganos que necesitan las sustancias o condiciones del exterior, en consecuencia el ámbito de operación de estas instrucciones es el propio organismo, es dentro de éste donde esas instrucciones activarán un segundo conjunto de instrucciones, o requerimientos de segundo orden, que son los que pondrán en funcionamiento los mecanismos específicos de relación con el medio externo. Tanto el movimiento como la percepción, las reacciones y respuestas que se originan como resultado de la interacción con el medio, serán funciones de este segundo grupo de instrucciones.

Es interesante destacar que con la activación de los requerimiento de primer orden se dan comienzo a las búsquedas. Es claro y evidente que el principal requerimiento de primer orden es la obtención de la alimentación, el cual será el motor inicial para todo proceso posterior de relación con el medio. El primer contacto del bebé con su madre será a través de su alimento, de allí en más ese será el mecanismo inicial de relación con el entorno y los objetos que contenga, el cual irá variando de acuerdo con la adquisición de sensaciones y recuerdos.

Los "Requerimientos de primer orden" están constituidos por instrucciones primitivas, básicas, compartidas con muchas especies pertenecientes a diferentes géneros. Estas corresponden además a aquellas instrucciones asociadas a las funciones consideradas vitales en su expresión más elemental, la satisfacción de ellas permitirá sostener las funciones de la vida en sus niveles primarios y entre las demandas más importantes están las siguientes.

1 Alimentación, en niveles básicos.

2 Comunicación, capacidad de reconocer y relacionarse.

3 Satisfacción del deseo sexual.

4 Satisfacción de las demandas con motivo del parto, lactancia y protección de la cría (instinto maternal).

Como puede verse todas estas necesidades deberán ser cubiertas si la vida ha de prosperar. Los seres humanos hemos comprobado como todas ellas se cumplen entre los sobrevivientes a las más duras condiciones ya sean naturales o artificiales. De estos requerimientos la satisfacción de la alimentación es con mucho lo más importante, la vida depende directamente de ella. Por su parte la comunicación es imprescindible primero para reconocer a los miembros de la propia especie con quienes se realizarán muchas búsquedas conjuntas y luego para hallar entre ellos a las parejas reproductivas.

El nivel de la comunicación que permiten los requerimientos de primer orden son como todas sus instrucciones, elementales. Ni el lenguaje ni las relaciones que puedan surgir del uso de los recuerdos o la conciencia dependen de estas instrucciones, puesto que aquellas surgen, "emergen" de la relación con un medio específico que es independiente de los procesos metabólicos. Por el contrario, tanto los recuerdos como el lenguaje serán el resultado de interactuar en el entorno a través de las percepciones, y éstas corresponden a instrucciones de segundo orden.

Finalmente, la reproducción es un proceso inherente a la vida de organismos que surgen de ella, es lógico suponer que luego de alimentarse y relacionarse lo siguiente sea reproducirse.

Para que los requerimientos de primer orden cumplan su cometido deberán activar los de segundo orden, que son quienes harán operativos los órganos y funciones que relacionan al individuo con su entorno.

4.4   Requerimientos de segundo orden

Haciendo una breve recapitulación introductoria diremos que, hasta aquí hemos explicado que la mantención y reproducción de la vida misma es el resultado de la búsqueda constante de las condiciones propicias para poder continuarla. Hemos propuesto además que la realización de dichas búsquedas son la única razón para la existencia de lo vivo, puesto que toda actividad estará encaminada, aunque sea en última instancia, a este propósito, vivir para buscar, encontrar, y seguir viviendo, nada más. Tal vez resulte decepcionante hacerse la idea de que nacemos para morir, aunque paradojalmente sea la verdad más incuestionable y universal de todas, probada millones de veces, todos los días y en todas partes. Sabemos que es así pero no nos gusta, quisiésemos que la vida fuese para algo y en consecuencia inventamos razones, sin embargo cada día desde que nacemos nos enfrentamos a lo más básico y ancestral de nuestra condición animal, tenemos que comer (aparte de respirar y otras cosas).

Explicamos también que gracias a los recuerdos y el aprendizaje es posible complejizar hasta tal punto las búsquedas que sus objetivos biológicos se perderán, aparentemente, entre las muchas actividades intermedias que haremos en el proceso mismo de satisfacerlas. Un último ejemplo simple de ello lo vemos con motivo del desarrollo histórico de la agricultura, la cual eventualmente dio paso al surgimiento de actividades místicas asociadas con sus ciclos. Más tarde, o simultáneamente, surgieron los individuos que asumieron el papel de mediadores entre las deidades supuestamente influyentes y los agricultores. Posteriormente se inventó el intercambio y así lentamente se fueron agregando "operadores", funciones y funcionarios de todo tipo, a lo que comenzó siendo una actividad cuyo único fin era cumplir estrictamente con la subsistencia de quienes la realizaban. El último en llegar a la lista ni siquiera sabrá que es lo que se siembra, sin embargo igual se alimentará en su casa de lo que la agricultura de. Cada uno buscará la forma de conseguir lo suyo de la manera más fácil posible. Así somos los seres humanos (en la naturaleza abundan las especies oportunistas).

Luego, para ejecutar cada acción que nos permita realizar la búsqueda o cualquiera de sus pasos intermedios contaremos con un conjunto de instrucciones instintivas que activarán el movimiento, la percepción, la reacciones y respuestas a estas percepciones, y que en definitiva guiarán al organismo en su camino de exploración y en el aprendizaje de las distintas formas de vivir. Este nuevo conjunto de instrucciones serán los requerimientos de segundo orden.

Tal vez no quede claro, por ejemplo, como girar la cabeza de modo instintivo para orientarnos respecto de la fuente de un sonido, corresponda a un requerimiento, ¿requerimiento de quién?, pues bien, del organismo. Toda instrucción para todo movimiento surge de él, ninguna proviene del exterior. Son los mecanismos de percepción los que están programados para ejecutar instrucciones como la de girar la cabeza si detectan un sonido, y tampoco lo hacen porque sí. Todas las funciones instintivas están al servicio del funcionamiento del organismo en su conjunto, cuando detectamos ese sonido el individuo necesita, requiere saber de donde provino, puesto que está programado genéticamente para realizar esa acción mucho antes de que ese sonido en particular existiera. Incluso las instrucciones literales que recibimos de otras personas las haremos si haciendo uso de nuestros recuerdos evaluamos que es bueno hacerlo, en base a la experiencia previa o a la expectativa, también aprendida, de que igualmente sea bueno para obtener algo que podríamos necesitar. Por supuesto que negarnos es resultado del mismo proceso pero en sentido inverso.

De algún modo la voluntad es la fuerza o convicción con que se ejecutará una búsqueda, por el contrario, la pereza será producto justamente de la falta de urgencia en realizarla.

Si en el colmo del aburrimiento, apuntamos con el dedo al techo, eso también será el resultado de instrucciones, puesto que toda instrucción obedece a una necesidad y ellas son el fruto de una demanda orgánica, un requerimiento. Tal vez nuestro aburrimiento se deba a que no hay búsquedas que hacer, no hay hambre, frío, sueño, ganas de algo, no hay ninguna necesidad importante que satisfacer y sin embargo nos sobra la energía como para emprender una búsqueda, es posible que existan las búsquedas de búsquedas (encontrar algo que hacer). **En la naturaleza el no tener nada que hacer es un lujo que nuestra biología no tenía contemplado,** hallar que comer es bastante trabajoso para todo organismo viviente, incluso para la mayoría de los seres humanos. Al igual que el aburrimiento, es probable que la obesidad también se de sólo en los seres humanos (y en sus mascotas). En todo caso, y volviendo al caso de mover el dedo, es posible que esa acción sea una forma instintiva de mitigar la falta de búsquedas más productivas y eliminar un exceso de energía que probablemente sea también el causante de la hiperactividad en los niños sobrealimentados, después de todo, nuestra propia definición de búsqueda sostiene que ésta podrá estar motivada por la falta o exceso de cualquier sustancia (es muy probable que el aburrimiento no exista en el mundo natural no humano).

Es muy probable que la evolución de los seres vivos haya dependido del desarrollo y uso de mecanismos eficientes para realizar y concretar las búsquedas. Si por alguna razón, como en el caso de algunos seres humanos modernos, las búsquedas disminuyen hasta unas pocas acciones con escasos movimientos, entonces es muy posible que algunas funciones metabólicas se vean necesariamente alteradas.

Si los requerimientos de primer orden son fáciles de comprender, puesto que aunque no los sintamos de modo directo, sabemos que están ahí, **los de segundo orden serán más difíciles de entender porque desafían el sentido común.** En general los seres humanos creemos que somos dueños de nuestros actos, creemos que es nuestra voluntad o la falta de ella la que nos lleva a hacer algunas cosas y rechazar otras, y que esto nada tiene que ver con el cuerpo. Lo que es peor, solemos creer que nuestro organismo enfrenta pasivamente el entorno y que son las situaciones del medio ajenas a él, las que desencadenan las reacciones que, los instintos, la voluntad, o la razón deberán resolver. En este contexto la única explicación posible para justificar un impulso que nos lleve a enfrentar y resolver los "problemas" de la vida, es que exista una conciencia ajena a nuestra realidad biológica, que desde fuera de nuestro cuerpo nos permita una visión de nosotros mismos y del medio, para decidir con prescindencia de nuestra propia naturaleza, cuales son las mejores soluciones. Esta conciencia eminentemente intelectual e incorpórea, susceptible de perfección, es la que muchos suponen que tenemos, sin embargo, nunca se ha podido demostrar que ella tenga algún soporte material en nuestro organismo (y en ninguna otra parte), menos aún se ha podido probar su origen, evolución, y desarrollo, esta es una conciencia eminentemente retórica (ficticia, imaginaria) que ha surgido de la necesidad (siempre habrá una búsqueda involucrada) de encontrar una explicación "racional".

La situación cambia radicalmente, si la acción parte desde nuestro organismo mediante la ejecución de búsquedas fruto de una posición activa frente al entorno, en este caso los elementos del medio influirán sólo si coinciden con aquello para lo cual el individuo está programado genéticamente a reaccionar. En esta nueva situación (que es la que hemos estado explicando desde el principio) el yo consciente surge y se desarrolla en la propia experiencia. El tamaño y complejidad de este yo que llamaremos, "yo inorgánico", dependerá de la cantidad de recuerdos que podamos almacenar y de la capacidad de vincularlos para hallar soluciones útiles (o que lo parezcan).

Desde siempre los seres humanos han percibido la existencia de dos yo, cuyas causas y facultades han sido atribuidas a las más variadas razones. Sin embargo la existencia de cada uno de ellos es fácilmente explicable desde esta teoría. El yo inorgánico que mencionábamos antes, surge con los recuerdos y el aprendizaje, mientras mayores sean estos, más evidente será su presencia. **Por el contrario el yo que llamaremos "yo orgánico" se manifestará en todas aquellas circunstancias en que el organismo funcione siguiendo la secuencia, percepción-reacción-respuesta en que no intervenga ningún proceso de evaluación de recuerdos,** en otras palabras, en ausencia del proceso de pensar o de búsqueda entre los recuerdos o conciencia.

Debemos recordar que, las respuestas compuestas por movimientos mecánicos aprendidos, tampoco hay que pensarlas una vez que se adquieren, por lo que pasarán a engrosar la lista de respuestas del yo orgánico.

Ejemplo, en general, si estando cerca de un objeto vemos que comienza a caer, automáticamente trataremos de sostenerlo, "casi instintivamente", sin embargo se trata de movimientos mecánicos aprendidos, puesto que la reacción normal que observarán los niños, y con mayor razón aun, en los más pequeños, es de total indiferencia. Sólo al cabo de los años aprenderemos que no es bueno que las cosas caigan a pesar de no ser frágiles.

Por el contrario, hemos llamado inorgánico a este yo de nuestros recuerdos justamente porque su existencia es eventual, toda vez que siendo importante no es indispensable para la realización directa de ninguna función orgánica, por así decirlo, actuará físicamente como un catalizador para el mejor cumplimiento de los requerimientos orgánicos en tanto ayude ejecutar las búsquedas, y de hecho es exactamente para lo que sirve.

El yo inorgánico está construido en base a los valores de percepciones sensoriales, almacenados temporalmente en la memoria en forma de conexiones neuronales, que corresponden al conjunto de recuerdos de nuestras propias reacciones y respuestas, frente a las condiciones del medio en que realizamos las búsquedas, y que, **coincidentemente es equivalente a la manifestación de la conciencia**. Es real porque los recuerdos existen y sin embargo también es ficticio porque no tiene ningún poder para alterar significativamente el funcionamiento instintivo del organismo, ya que éste siempre seguirá respondiendo en función de los requerimientos orgánicos y a las reacciones y respuestas instintivas. Aunque parezca difícil de aceptar, el control del organismo siempre será de nuestros instintos, puesto que cualquier cosa que hagamos invariablemente estará en función de la satisfacción de una necesidad manifiesta, o bien, como la evaluación de algo que eventualmente podría satisfacerla. El yo inorgánico depende y utiliza los recuerdos para guiar, de acuerdo con la experiencia reunida en ellos, las búsquedas que el yo orgánico requiere ejecutar para seguir viviendo.

No existe actividad o placer humano que no corresponda a la proyección de la mejor forma de satisfacer un requerimiento biológico. Tener mucha comida, mujeres (en el caso de los hombres), seguridad, reconocimiento, felicidad, etc. no es nada más que, ¡mucho de lo mismo!

Pongamos un ejemplo, no existe ninguna necesidad de probar un pastel, sin embargo, si luego de probarlo como parte de proceso exploratorio inducido, resulta que nos agrada, entonces podemos transformarlo en parte de nuestros alimentos necesarios. Resulta evidente que en el acto de explorar, evaluar y decidir están presentes nuestras reacciones y respuestas instintivas. El recuerdo de su sabor y de su aspecto formará parte de la conciencia y del yo inorgánico. Podremos decir muchas cosas del pastel, incluso teorizar (imaginar), sin embargo el hecho biológico simple y llano es que la sensación de comerlo fue agradable, todo lo demás que podamos agregar sólo engrosará nuestros recuerdos asociados al pastel, nuestra conciencia de él (hacer múltiples observaciones de algo nos permitirá recordarlo mejor, y es justamente lo que hacemos cuando algo nos gusta mucho).

Por otra parte, si el pastel no nos sabe bien, es más, si nos pareció horrible, entonces no querremos volver a probarlo ¡nunca más!, pero, ¿quién decidió que era horrible?, ¿nuestro yo conciente con todas las teorías imaginadas, o nuestras reacciones instintivas a ese sabor? Claro, no pudo ser el yo consciente porque no teníamos recuerdos anteriores, sin embargo la mayor parte de las personas dirían, ¡decidí no volver a comerlo nunca más! (a mi no me gustó, por tales y cuales razones), le están atribuyendo al yo inorgánico una función que en verdad no ha cumplido, puesto que fue la reacción instintiva la que produjo el rechazo, lo correcto sería decir, ¡a mi cuerpo no le gustó!

Al rechazar en el momento de probar, porque su sabor no nos gusta, se será consecuente con las respuestas instintivas (mucha gente es capaz de comer algo simplemente por compromiso), sin embargo, si en el futuro se abstiene de volver a probarlo entonces en esa oportunidad efectivamente corresponderá a una decisión consciente, puesto que estará fundada en el recuerdo de la primera vez. Con este ejemplo vemos claramente como los recuerdos están basados en los valores de las reacciones instintivas y como ellas guían nuestras decisiones futuras cuando las recordamos. Dice el dicho popular, "El hombre es el único animal que tropieza dos veces con la misma piedra" y esto se debe justamente a que olvida lo que no debiera (si las respuestas en este caso fuesen instintivas y no aprendidas no las olvidaríamos), es muy probable olvidar la experiencia del pastel y volver comerlo desprevenidamente en una segunda y hasta una tercera vez. En todo caso, es muy común también, que el yo inorgánico de muchas personas, recuerde reacciones adversas de su organismo ante determinados actos y alimentos, y en consecuencia los evite a pesar de que en lo inmediato podrían producirle placer. Esta conciencia (recuerdo) demuestra claramente la existencia y confrontación de los dos yo. Otro ejemplo de ello lo podemos observar cuando se nos ofrece algo cuyo aspecto nos recuerda lo que sabemos que no se come, como por ejemplo los insectos, entonces nuestro yo inorgánico lo rechazará de plano, pero si somos obligados a probarlo puede que nuestro yo orgánico lo encuentre sumamente aceptable.

Sabemos que muchas cosas que no nos gustan las olvidamos rápidamente, esto es justamente posible por la misma razón que vimos antes, si no nos gustó trataremos de hacer la menor cantidad de observaciones posibles, en consecuencia tendremos menos referencias para recordarlo en el futuro, exactamente lo opuesto a lo que hacemos con aquello que nos gusta. En todo caso, quienes traten de olvidar una situación, no podrán impedir que algunos de sus elementos sigan presentes en su memoria ("...¡no quiero hablar de eso!...").

Cada vez que decimos, ¡sí, quiero!, o, ¡no quiero!, quien se expresa es el yo inorgánico en base a los recuerdos de las sensaciones producidas como resultado de la evaluación de las percepciones del yo orgánico. Por otra parte, si obligamos a nuestro organismo a hacer algo que no está en su naturaleza aceptar, responderá de muchas maneras desagradables que nos recordarán que no es bueno forzarlo, y que en definitiva es el yo orgánico el que manda.

Por poner otro ejemplo un tanto extremo, un adicto ha creado por medio del aprendizaje una necesidad orgánica, que primero fue exploración inconsciente, (no tenía recuerdos previos), entonces todo lo que haga para conseguir la sustancia que ahora necesita, lo hará motivado por un requerimiento de primer orden, la forma especifica de conseguirlo corresponderá al uso de mecanismos instintivos de segundo orden, y lo que él piense de sí mismo será fruto de su yo inorgánico, de sus recuerdos, los cuales constituyen requerimientos de tercer orden. En tanto, la realidad es que el cuerpo tuvo el control desde el comienzo, puesto que la aceptación inicial se debió a su capacidad de asimilarla con agrado. El único medio de contrarrestar esta situación es que el individuo cree una expectativa de placer o bienestar mayor que la que le proporciona esa sustancia, una cosa a cambio de la otra. El conflicto entre los dos yo puede ser muy real. Generar una expectativa pertenece al ámbito de la conciencia y del yo inorgánico, sin embargo, la sensaciones esperadas deberán ser proporcionadas por el yo orgánico que es el que las produce, el primero sólo las recuerda. Cuando nos preparamos para recibir una sorpresa es el yo inorgánico el que genera la expectativa y el orgánico el que transforma las percepciones en valores de sensaciones.

Toda actividad que los seres humanos emprendan debe tener siempre un beneficio orgánico, la satisfacción de un requerimiento. Si participamos de una actividad altruista es porque al final nos sentiremos bien y ese sentirse bien, el placer, sigue siendo una respuesta de los mecanismos de evaluación de las percepciones (mirar los pajaritos puede hacer feliz a alguien y esa felicidad representa un beneficio para el organismo aunque no necesariamente de primer orden).

Los requerimientos de primer orden necesitan para su satisfacción que el organismo ejecute búsquedas externas, luego, las instrucciones de esas demandas serán traducidas a valores de percepciones y sensaciones que son con los cuales operan los requerimientos de segundo orden, activando con ellos los mecanismos de movimiento, las reacciones y respuestas instintivas, que es como el individuo podrá interpretar el entorno donde se materializarán las búsquedas. Cuando una persona expresa verbalmente: "tengo hambre", el yo que manifiesta la necesidad no corresponde al de los órganos internos del individuo, a pesar de que son justamente ellos quienes han originado la demanda, sino que es el yo inorgánico que recuerda la versión traducida en términos de valores de sensaciones que está almacenada en su memoria. En otras palabras, el hambre lo expresa el yo inorgánico, que recuerda los valores de sensaciones, que a su vez fueron producidos por los requerimientos de primer orden al activar los de segundo orden.

Los órganos internos no necesitan activar funciones de segundo orden para ejecutar todas sus funciones, sino que solamente aquellas que estén relacionadas con la obtención de elementos del exterior. Cuando el organismo procesa el alimento no activa ninguna función de segundo orden, no lo necesita, no sabremos que pasa en nuestro cuerpo durante la digestión, a menos claro, que haya algún problema, de lo contrario el cuerpo trabajará en silencio.

En resumen, nuestro yo inorgánico opera con los recuerdos tanto de las sensaciones generadas en el proceso de interactuar con objetos del medio, como con aquellas sensaciones que nos provee el propio cuerpo al hacer manifiesta alguna necesidad o condición que requiera de la atención. Es decir, la conciencia estará integrada por cualquier tipo de recuerdos, con independencia de donde provengan las sensaciones que los produzcan. Resulta entonces evidente, que los primeros recuerdos de cualquier ser humano serán respecto de su propio funcionamiento, y por supuesto, estos también formarán parte de su conciencia, la de si mismo.

Veamos un ejemplo, cuando un bebé de corta edad (uno que todavía no hable) reclama comida, no dice "tengo hambre mamá", simplemente ejecuta un conjunto de acciones instintivas que equivalen a decir lo mismo, sin embargo y como habíamos visto él no es conciente puesto que todavía no tiene recuerdos, no obstante los está construyendo. Cada vez que reclame su alimento, percibirá y sentirá todo lo que ocurre con él mismo y con su entorno, de algún modo aprenderá a reconocer como funcionan sus propios instintos y recordará las sensaciones que le producen. Con el tiempo cada vez que comience a "sentir" hambre, recordará las cosas que ha aprendido tienen que ocurrir, y si antes lloraba desesperadamente hasta que su madre llegara, ahora se adelantará al llanto y la buscará él mismo, puesto que ha asimilado que su hambre se satisface cuando su madre está presente. En los bebés muy pequeños esta primera búsqueda la harán incluso sólo con la mirada, que es todo cuanto pueden controlar a esa edad. Por supuesto que si no ve a la madre y la urgencia por la comida aumenta volverán a operar los instintos y comenzará a llorar. El llanto irá disminuyendo en todas aquellas circunstancias en que recuerde como resolver una búsqueda por su cuenta y reclamará cuando no lo logre. Sin embargo muchos adultos siguen llorando toda la vida cuando algo se les pierde y no lo pueden hallar.

En general, serán las pérdidas o la sensación interna de frustración de no conseguir lo que se quiere y se busca, lo que causará la pena y el llanto.

Estos reclamos y métodos de búsqueda corresponden precisamente a la operación de los requerimientos de segundo orden. El cambio del llanto por la petición hablada corresponde exactamente al reemplazo de una respuesta instintiva de segundo orden por una aprendida que sirviendo para lo mismo es mucho más precisa y efectiva. Esta nueva forma de concretar una búsqueda dará origen a los requerimientos de tercer orden de los cuales hablaremos más adelante.

Así como las sensaciones internas, por ejemplo la del hambre, es una de las formas que tienen los requerimientos de primer orden de activar los del segundo para materializar las búsquedas en el exterior, otras sensaciones distintas tendrán por objeto apremiar, desechar o alterar las búsquedas. La imposibilidad material de llevar a cabo una búsqueda o de satisfacer un requerimiento cualquiera que sea su orden, o lo que es lo mismo, hacer lo que "queramos", provocará respuestas instintivas cuyas sensaciones internas percibiremos como frustración, rabia o impotencia, dependiendo de la intensidad con que las hayamos emprendido. Por el contrario la satisfacción de un requerimiento en forma exitosa nos provocará sensaciones de agrado, alegría y felicidad, las cuales persistirán hasta que se haga necesario el siguiente emprendimiento y así sucesivamente. **La historia de todo organismo será la suma de todas sus percepciones, y su conciencia el conjunto de las que pueda recordar, el yo inorgánico operará con estas últimas.**

Nuestra conciencia o conjunto de recuerdos no es indispensable para la sobrevivencia, de hecho se pueden perder muchos o todos los recuerdos y aún así seguir viviendo. Lo que definitivamente no se pueden perder son nuestras instrucciones instintivas, puesto que entonces no podríamos construir nuevos recuerdos y simplemente no sabríamos que hacer. Imaginen por un momento que el cuerpo demandara alimentación y la señal interna no existiera o no activara ninguna acción de búsqueda y en consecuencia tampoco nuestra memoria, simplemente no sentiríamos hambre, aunque tuviésemos recuerdos de él. Nuestros **recuerdos** necesitan un motivo (estímulo*) para activarse, que puede provenir tanto de señales internas como externas.

---

*Estímulo, es un concepto que en verdad no se ajusta bien a lo que ocurre, puesto que lo que hará de un objeto un estímulo depende primero de las necesidades del organismo, no existen los estímulos en sí mismos, tal vez las situaciones estimulantes compuestas por elemento variables, puesto que algo como la propia comida podrá llegar a ser verdaderamente repulsiva si estamos hartos de ella, en circunstancias que corrientemente se la señala como un estímulo en sí mismo. Todo el proceso descrito en estas hipótesis parte del hecho de que las necesidades a cubrir por los individuos provienen de ellos mismos y no del exterior, siendo éste sólo donde se satisfacen. La percepción de que existe algo que dispara una necesidad latente, en realidad, sólo activa los recuerdos de alguna situación anterior que nos produjo algún beneficio orgánico como por ejemplo la satisfacción o el placer y eventualmente nos puede hacer querer sentirlo nuevamente.

(Continúa en página siguiente)

Es sumamente probable que nuestro yo, el de los recuerdos, por estar construido sobre una base no permanente, flotante, circunstancial (se olvidan y modifican), y no ligados estructuralmente al funcionamiento de los órganos de percepción ni a aquellos que demandan las búsquedas, nos permitan referirnos a nosotros mismos como dos entidades diferentes; "yo y mi cuerpo". Por el contrario el yo de las respuestas instintivas está unido al cuerpo y funciona como un todo, cuando éstas operan lo hacen desde los órganos que las generan hacia aquellos que ejecutan la instrucción, todo ello sin la intermediación de nuestra memoria que nos recuerda quienes somos y que relativiza nuestras respuestas de acuerdo con la experiencia. Las respuestas instintivas reflejas, son llamadas así, porque no hay forma de separarlas de los movimientos, **en cambio nuestros recuerdos o conciencia no son vinculantes con nuestras acciones.** El yo inorgánico, que es la manifestación o exteriorización de la conciencia, puede a través del aprendizaje de la modulación de sonidos, o lo que es lo mismo, el habla, expresar multitud de recuerdos y combinación de ellos para tratar de referir un sinnúmero de estados, sin embargo no existe relación directa entre lo que se expresa y lo que efectivamente ocurre en el organismo, puesto que la comunicación entre ambos es indirecta y ocurre a través de la evaluación de las percepciones y la memoria. Ejemplo, me (yo) siento mal, cuando en realidad debería ser, mi cuerpo está mal, yo (el inorgánico) recuerdo que es así. Algunas personas afirman, ¡se que estoy enfermo!, ¿quién?, puesto que sabemos que muchas sensaciones o recuerdos de ellas podrán inducir a los individuos a creer o imaginar (construir un recuerdo ficticio) que pueden estar enfermos sin estarlo realmente, su yo inorgánico le indica algo que no es verdadero en función de una interpretación errada (el que miente, se confunde, e interpreta, es el yo inorgánico).

Ya lo dice el dicho, "no se echa de menos lo que nunca se ha tenido", luego para que algo sea estimulante debe ser conocido y si es conocido depende entonces del organismo requerirlo o no, y no del objeto. Es interesante hacer notar que el marketing nos trata de convencer de probar algo que nunca hemos tenido, haciendo referencia a placeres que ellos suponen si conocemos, y que los nuevos productos superarán ampliamente.

El yo inorgánico existirá en la medida que el cuerpo demande alguna búsqueda que incluya la revisión de los recuerdos, que piense. Puesto que este yo no tiene existencia material, no está en ninguna parte, sólo se manifiesta, se evidencia, "emerge", a través de la acción de búsqueda entre los recuerdos. Ejemplo, cuando conversamos hacemos infinidad de relaciones mentales, desde pensar en el tema hasta recordar cada una de las palabras que requerimos para comunicarnos, puesto que es un hecho que todo ello habrá que recordarlo, de lo contrario no podríamos conversar, que es lo que les ocurre a las personas que tienen el mal de alzheimer. **La forma particular con que el organismo enfrente las búsquedas en la memoria, y la que luego utilice para ejecutar las acciones resultantes en el medio, determinarán el carácter y la personalidad del individuo.** El yo inorgánico al ser un "ente" que surge y se manifiesta en los procesos de búsqueda, tendrá tantas facetas como tipos de búsquedas y dificultades tenga que sortear para satisfacerlas. Debemos recordar que las búsquedas son procesos normales y constantes, que sólo se detendrán momentáneamente durante el reposo y el sueño, puesto que toda actividad del organismo obedece a la realización de alguna o muchas de ellas. En consecuencia las variaciones de conducta y comportamiento de los individuos dependerán del estado en que se encuentre en relación con la obtención de algún objetivo.

Los recuerdos y las ideas no tienen un cuerpo propiamente tal, sino más bien un sustrato que es independiente de ellas, puesto que las neuronas pertenecen al yo orgánico, y será la particular configuración de sus conexiones la que produzcan el efecto de los recuerdos, sin ser ellas mismas parte del contenido de ellos. La idea es semejante a lo que ocurre con el contenido almacenado en un dispositivo electromagnético, el cual es independiente de lo que en él se almacene (nadie recuerda, sabe, ni siente, que particular configuración produce tal o cual efecto).

El caso es que cuando necesitamos algo, no son nuestros recuerdos los que están operando por su propia cuenta al margen del organismo, siempre, en todos, y cada uno de los casos, habrá una demanda orgánica por satisfacer, una necesidad. Que no podamos percibir el origen de ella o que incluso no sepamos o no podamos interpretar correctamente las sensaciones, no significa que no estén ahí. Más adelante quedará claro como necesidades tan aparentemente distintas de las orgánicas tienen también su origen en reacciones instintivas. Digamos que, lo que recordamos son las percepciones de las consecuencias de ejecutar las instrucciones de los requerimientos.

Entonces y finalmente los "Requerimientos de Segundo Orden", es decir, el cumplimiento de las instrucciones provenientes de las señales internas producidas por los requerimientos de primer orden, se ejecutarán por medio de la activación de un segundo conjunto de instrucciones instintivas que se constituirán ellas mismas en necesarias y pondrán en marcha mecanismos que relacionarán al individuo con el medio externo y en este caso sí dependerá de las condiciones del entorno la forma y los recursos instintivos utilizados para satisfacer la demanda inicial.

4.5 Requerimientos de tercer y cuarto orden

En los casos anteriores vimos como las instrucciones para la satisfacción de las necesidades orgánicas se trasladaban desde el interior al exterior del organismo, mediante la ejecución de operaciones instintivas que activaban mecanismos específicos de movimiento, percepción y reacción a los objetos en el medio externo.

También hemos visto como los seres humanos tenemos la capacidad de almacenar grandes cantidades de recuerdos a partir de memorizar los valores de las sensaciones que resultan de las percepciones sensoriales. Con estos recuerdos construimos imágenes del mundo exterior y de nuestra propia ubicación en él, creando nuestra conciencia y nuestro yo inorgánico.

Sabemos que estos recuerdos se han adquirido en procesos de búsqueda y exploración, conscientes o inconscientes, generados por el organismo en el camino de satisfacer la necesidad mayor de mantener la vida. Los recuerdos así obtenidos corresponden a soluciones de búsqueda que serán utilizadas muchas veces (en el caso de las exitosas), produciendo así los movimientos mecánicos aprendidos y las rutinas cotidianas.

Sin embargo los seres humanos no aprendemos por aprender, el aprendizaje es nuestro particular mecanismo de adaptación, dependemos de él para conocer como sobrevivir, si ahora para algunos la vida es sencilla, es porque muchos antes que él, probaron, se equivocaron y corrigieron, para luego transmitir lo aprendido. Llevamos miles de generaciones almacenando recuerdos ("información") y transmitiéndola por vía oral, gráfica y, muy recientemente, electrónica.

Los recuerdos individuales de cada persona son su particular herramienta de supervivencia. Si usted es, por ejemplo, ingeniero entonces depende de su conocimiento para realizar su trabajo, lo mismo que si es administrativo, comerciante, médico o cualquier otra cosa. A través del aprendizaje cada uno ha hallado una forma de conseguir lo que necesita para vivir. Imagine que a cualquiera de ellos se le olvide hacer su trabajo, ¿qué podrían hacer para ganarse la vida? Tal vez en esta época existan seguros médicos, ayuda de familiares y otras soluciones, pero en otros tiempos haber perdido la memoria podría simplemente resultar fatal.

El caso es que la sobrevivencia de los seres humanos depende de que recuerden lo que han aprendido, puesto que justamente el aprendizaje se ha producido como resultado de la búsqueda de las formas de conseguir lo necesario para vivir. No obstante en el camino también se ha aprendido a aprender, muchas personas, que pierden sus trabajos, podrán volver a buscar nuevas formas de obtener lo que necesitan si son capaces de pensar, de buscar entre sus recuerdos distintas formas de conseguir lo mismo.

Tal vez una de las cosas más importantes que aprendemos los seres humanos y de las cuales somos totalmente dependientes es de la forma de comunicarnos. De todos los aprendizajes posibles, éste es sin duda uno de los principales. Nuestra dependencia del lenguaje es indispensable para realizar búsquedas exitosas no ya en la naturaleza agreste sino dentro de las propias comunidades humanas. Con todo, la comunicación es mucho más que el uso del lenguaje, puesto que aún en ausencia de éste los individuos igual podrán comunicarse.

Queda claro entonces que lo aprendido es necesario, es indispensable, luego será un requerimiento orgánico recordar lo que se sabe, respecto de las formas de obtener lo necesario para el organismo, en consecuencia, un requerimiento de tercer orden.

Nuestros conocimientos (recuerdos útiles para obtener cosas) no son cualquier cosa. Todos sabemos cuan difícil es cambiarlos o corregirlos, tal vez no los tengamos en muy alta estima justamente hasta que son necesarios, ¿en cuántas circunstancias se harán esfuerzos por tratar de recordar algo que resulta indispensable? En nuestra sociedad occidental actual, en que gran parte de la "información" se encuentra almacenada en medios externos a las personas, nuestros recuerdos consistirán en saber en donde está registrado lo que buscamos, cada vez tendremos que hacer menos esfuerzos por recordar y cada vez son menos importantes las cosas que recordamos. Tal vez llegue el día en que simplemente preguntaremos cualquier cosa en voz alta y una computadora omnipresente contestará. Eso sí, ¡esta información no producirá más recuerdos que la voz del sintetizador!, puesto que no se habrá obtenido como resultado de la exploración sensorial.

El aprendizaje que se obtiene a través de la explicación verbal, apela a que el aprendiz sea capaz de imaginar a partir de sus propios recuerdos lo que se le está explicando, si sus recuerdos son insuficientes para construir las imágenes que se le piden, esas explicaciones serán vacías. El verdadero aprendizaje siempre se produce cuando se adquiere por propia experiencia sensorial (nada que no sepamos).

Los Requerimientos de cuarto orden es muy similar al anterior, pero en este caso la necesidad estará dada por recordar y utilizar una solución imaginada para obtener lo requerido. Es decir, en el transcurso del proceso de recordar, ocasionalmente mezclaremos algunos recuerdos para dar lugar a uno nuevo, un recuerdo imaginario, una idea, la cual no será fruto de una única experiencia si no de una combinación de algunas de ellas. Una vez creada esta imagen, puesto que en sí misma no corresponde a ninguna realidad particular, se generará un recuerdo artificial y si creemos que esta idea es buena para conseguir algo, buscaremos hacerla realidad. Si finalmente produce beneficios con los cuales satisfaremos nuestros requerimientos orgánicos, entonces nos haremos dependientes de ella y de sus consecuencias. Cumplir con ejecutarla o repetirla cada día se hará un requerimiento orgánico, precisamente uno de cuarto orden.

Un matemático, un filósofo, un profesor, etc., son personas cuyo trabajo es manejar ideas, no objetos reales perceptibles. Para obtener lo necesario para vivir, ellos dependen de que les paguen por lo que imaginan, su subsistencia depende de que sus ideas sean valoradas, y las ideas son requerimientos de cuarto orden. Tal vez parezca una banalización del trabajo intelectual, sin embargo, los intelectuales también comen y de alguna parte tienen que obtener su alimento. Por lo demás es claro que no lo obtendrán simplemente pensando, siempre habrán otros que produzcan y aporten para que los intelectuales puedan hacer su trabajo.

Cada cosa que hagamos los seres humanos adultos e independientes, tarde o temprano estará relacionada con nuestra supervivencia. Incluso muchas que comenzamos por el simple placer de hacerlas se transformarán en actividades obligadas a las cuales no podremos renunciar, particularmente aquellas que se transformen en el trabajo del cual dependeremos.

Buscar es una actividad de toda la vida, puesto que de ella depende que encontremos lo que nos es indispensable para vivir. En todo caso es interesante hacer notar que la jubilación no es ni más ni menos que el término de las búsquedas obligadas e indispensables. Las sociedades han reconocido de modo indirecto que buscar es un proceso agotador y que por tanto y al igual que los niños, los seres humanos tienen derecho (imaginario, no natural) a hacer cosas por el puro placer de hacerlas, aunque sea sólo al principio y al final de sus vida (en la naturaleza es cierto eso del que no trabaja no come, tal como en el cuento de la cigarra).

En el gráfico que exponemos a continuación está esquematizada la ruta que siguen los diferentes requerimientos en función de la demanda que se haga de ellos.

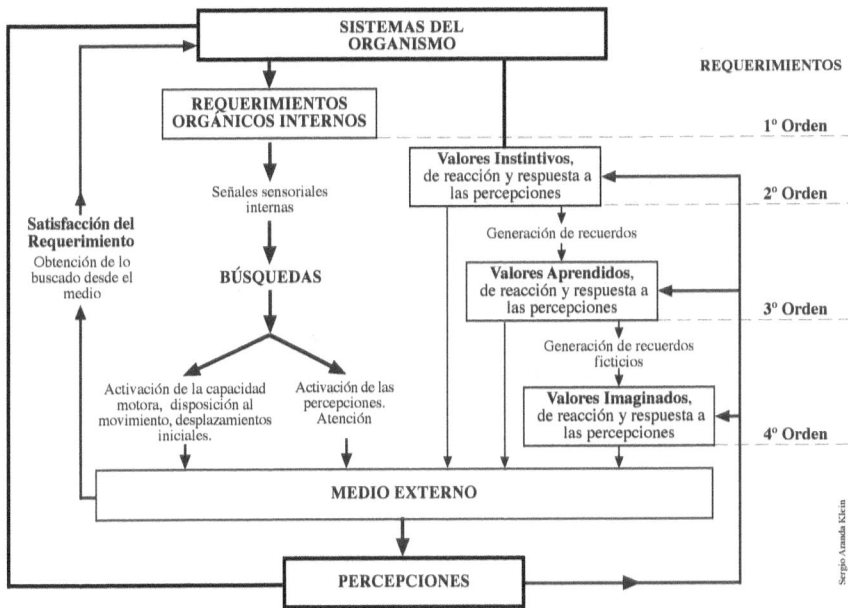

5. Las Búsquedas de un organismo virtual

5.1 Principios

Buscar es una acción propia y exclusiva de los seres vivos. La primera y más elemental de todas las búsquedas para cualquier organismo es la de continuar viviendo o sobrevivir. Los seres vivos buscarán aunque no tengan recuerdos (conciencia) de porque lo hacen, simplemente lo harán guiados por las reacciones o instrucciones instintivas que todos poseen.

El aprendizaje de los seres vivos que aprenden se producirá siempre como resultado de un proceso de búsqueda, exploración, evaluación y recuerdo. No existe el aprendizaje sin búsqueda (ya sea voluntaria o inducida), puesto que lo que se registra en la memoria son los valores sensoriales producidos por las percepciones (más adelante veremos como las ideas abstractas o imaginarias se asocian a objetos o situaciones conocidas para poder memorizarlas).

La utilización de los elementos aprendidos (recuerdos) siempre requerirá del pensamiento, es decir, de buscar entre aquellos que sean útiles para concretar una búsqueda externa, aun cuando luego ésta se repita de forma mecánica y equivalente a una respuesta instintiva.

De lo anterior se desprende que todas las especies que usan sus recuerdos adquiridos para resolver una búsqueda, de algún modo piensan. La forma de estos pensamientos tendrán que ver con el tipo de recuerdos que sean capaces de elaborar, y a sus vez, éstos dependerán de las características de las señales sensoriales que puedan percibir, los mecanismos de evaluación (sensaciones) que posean, el tipo de búsqueda que hagan entre los recuerdos almacenados, etc.

Luego se deduce que la "comprensión racional" no tiene nada que ver con el aprendizaje, puesto que dicha abstracción no tiene ningún equivalente sensorial. El eventual placer que produzca la solución a una búsqueda imaginaria, tendrá que ver con que el individuo ¡crea! que tiene la respuesta, más no con los meritos reales de ella (si alguien cree haber encontrado a Dios, la búsqueda imaginaria, tal vez se "sienta feliz", sin embargo, eso no significa que lo haya encontrado realmente). La humanidad está llena de gente que cree haber encontrado algo, entre ellos, yo.

Esto último es una conclusión muy importante porque definitivamente traslada el proceso de aprender desde una supuesta racionalidad a uno de carácter eminentemente sensorial y por lo tanto biológico. Nuestro yo inorgánico nos ha hecho creer durante mucho tiempo que tiene mucho más control del que en verdad ejerce, esto debido a que efectivamente es el responsable de nuestras creencias, sin embargo no vivimos de ellas, sino del resultado real de lo que podamos obtener de su implementación también real, y si bien la creencia es importante, de todos modos, "el cura requiere de la limosna, sin importar de donde venga". Aunque también es cierto que su subsistencia depende más de las creencias de los otros que de las de él mismo. No obstante ellas no sólo lo sostienen a él, sino que también a una casi infinita cantidad de personas que trabajan en muy diversas actividades que no producen nada relacionado directamente con la subsistencia (y algunas veces, nada de nada) .

5.2 Comparaciones

Resulta evidente que cualquier sistema artificial que pretenda aprender por cuenta propia deberá emular los principios que mueven a los seres vivos.

En el caso particular de los seres humanos, nuestras búsquedas abarcan un universo muy variable de elementos, puesto que nuestra programación genética nos ha otorgado la capacidad de resolver, por medio del aprendizaje, la adaptación a condiciones ambientales muy diversas.

Nuestra especificidad evolutiva consiste justamente en explorar, probar, evaluar y recordar. Nuestra adaptación no está limitada por dietas, ni condiciones geográficas por muy exigentes que éstas sean, podremos ocupar casi cualquier hábitat. Los seres humanos aprenderemos cualquiera que sean las condiciones ambientales, y lo haremos desde que nacemos, es un proceso biológico instintivo, inevitable e irreversible.

El caso es que el aprendizaje se obtiene cuando hay exploración, sin embargo para que esa indagación sea fructífera primero hay que saber que es lo que esperamos, o deseamos, encontrar al final del camino, qué es lo que buscamos. Los seres humanos tardamos unos 10 años como mínimo en aprender a reconocer la mayor parte de las cosas que nos rodean en todos los lugares donde solemos estar, incluidos algunos sitios lejanos que habremos visto en viajes ocasionales.

Es trivial aceptar que para entender algo nuevo (hacer una asociación entre lo que se percibe con los valores de distintos recuerdos), siempre se deberán tener conocimientos previos (recuerdos) que puedan acercarnos a la comprensión de lo encontrado (el papel de los recuerdos en la búsqueda), de lo contrario faltarán elementos para reconocerlo por mucho que lo tengamos frente a nuestras narices. El aprendizaje es un proceso de creciente comprensión, o dicho de otro modo, de asociaciones mentales entre elementos de diferentes recuerdos, mientras más se tengan, más selectiva, fina y completa podrá ser la asociación. **Es importante destacar que para realizar una comparación, una asociación, y extender una aplicación de lo conocido a lo que se está percibiendo como diferente, es necesaria la motivación causada por el requerimiento, por "la voluntad de encontrar" que es en definitiva quién impulsará el intento, el ensayo y la perseverancia (cuantas veces insistiremos en encajar algo donde definitivamente no se puede).**

El aprendizaje (acumulación de recuerdos útiles) es por sobre todo un proceso gradual, sistemático, continuo y acumulativo que requiere además coherencia entre los valores de las señales sensoriales que se perciben con aquellas que se almacenan en la memoria. Esto significa por ejemplo que no aprenderemos a multiplicar si antes no dominamos las sumas. Por otra parte, para poder utilizar los recuerdos adquiridos en el proceso de aprendizaje, es imprescindible que existan mecanismos que asignen variables temporales a los valores que conforman los recuerdos.

El aprendizaje es una construcción que se hace a partir de la memorización de las reacciones a las percepciones sensoriales, son estos valores los ladrillos de esta edificación, y como cualquier otra comenzará en la base para ir adquiriendo crecientes niveles de complejidad. **Sólo que en este caso se trata de una pirámide invertida, son los valores obtenidos en la experiencia, los que permitirán construir nuevas experiencias, las que a su vez generarán nuevos valores** (más adelante quedará más clara esta idea, puesto que los valores de las sensaciones hay que descubrirlos, a pesar de ser instintivos).

Una mínima comprensión funcional (no imaginaria) deberá incluir los aspectos sensibles (percibibles por los sentidos) más importantes de los objetos que nos rodean y la relación básica entre ellos, que es exactamente lo que se les enseña a reconocer a los niños pequeños respecto del lugar donde pasan la mayor parte del tiempo (el plato, la silla, la mesa, la cama, la mantita, etc.). Con todo, el recuerdo de estas cosas siempre irá asociado a una función que pueda formar parte de sus búsquedas. Nada sacamos con explicarle cómo funciona una calculadora que siempre está sobre la mesa, ni tampoco cómo se agotan las baterías de sus juguetes. Sin embargo entenderá rápidamente que los lazos del babero deben ser amarrados, aunque no sepa cómo, puesto que la hora del babero significa comida y todo lo relacionado con ella formará parte de su circulo de interés.

Para aprender necesariamente hay que seguir un proceso que es inevitable, aunque se puede ahorrar tiempo si en vez de repetir mil veces lo mismo lo hacemos sólo un par. Con todo, luego de unos meses un niño habrá visto su plato de comida desde todos los ángulos posibles, habrá golpeado todo con él, lo habrá mordido, tirado, llenado, rebalsado, etc. En resumen, espontáneamente habrá repetido cientos de veces lo que en lenguaje técnico se llama análisis organoléptico y de resistencia de materiales. No se puede minimizar la cantidad de conclusiones útiles que se podrían obtener si sólo recordara el 1 % de todos los experimentos realizados. Lamentablemente lo recordado durará muy poco tiempo, las primeras mil veces sólo unos minutos. Esto es porque, básicamente, no tuvo que explorar demasiado para encontrar la comida, normalmente sólo le bastará abrir la boca. Para los niños las búsquedas son más bien breves, unos llantos y listo, el plato está servido y la cuchara en la boca. Mientras más recuerdos tengamos más pasos podrán contener las búsquedas.

Las búsquedas de los adultos humanos pueden ser muy simples, el que nosotros las hayamos complejizado a lo largo de la historia al agregar cientos o miles de pasos intermedios para conseguir lo mismo, no significa que no podríamos vivir con una fracción de lo que tenemos y de lo que sabemos o creemos saber. La virtud de los pasos intermedios es que les permite a otras personas vivir del trabajo productivo ajeno, que también es una búsqueda interesante, sobre todo para el que lo consigue (otras especies como los parásitos lo han institucionalizado biológicamente, la maravilla de la adaptación).

Es mi opinión, que los pasos intermedios por muy improductivos que a veces puedan parecer, son importantes para permitirles a otras personas sobrevivir. Si cada habitante tratara de producir por sí mismo lo elemental para su subsistencia, la tierra (el suelo) no alcanzaría para que cada uno obtuviera de ella lo necesario. Toda referencia a trabajo productivo, se entiende en el contexto de la satisfacción de un requerimiento de primer orden. Satisfacer el placer de poseer una obra de arte, por ejemplo, es un requerimiento de segundo orden (la búsqueda del placer) y totalmente prescindible, sin embargo sirve para resolver los requerimientos de primer orden del artista, el vendedor de los lienzos, etc.

Lo que los seres humanos requieren efectivamente para sobrevivir puede ser bastante poco, como así también la cantidad de recuerdos necesarios (comprensión) sobre el medio en que se desenvuelven. Esta austeridad presente en muchas comunidades rurales, nómades y religiosas, es una prueba de que no se necesitan elaboraciones abstractas complejas o requerimientos de cuarto orden para ejecutar y satisfacer las necesidades de primer orden y seguir viviendo o sobrevivir (aunque en estricto rigor a veces es exactamente al contrario, pero es la excepción).

Es posible explicarle a muchas personas como hacer algo, aunque no entiendan para nada el fin de esa acción, sobre todo si es parte del trabajo por el que le pagan. Basta con que ejecute el encargo ciñéndose a las instrucciones que deberán recordar, las cuales por supuesto deben estar a la altura de su comprensión. La persona que realice estas acciones sólo memorizará lo que hizo, para quién, y cuando, sin embargo tal vez nunca sepa por qué, ni para qué. En este caso su aprendizaje no le servirá para ejecutar sus propias búsquedas, puesto que actuó simplemente como instrumento de las búsquedas de otros que sí sabían lo que querían conseguir. Muchos y tal vez todos los seres humanos actuamos como máquinas, incontables veces en la vida. Lo interesante es que de todas maneras algo siempre vamos a aprender aunque no sea realmente importante, puesto que no podremos evitar recordar (no sería bueno olvidar donde trabajamos y qué hacemos, por mucho que ignoremos para qué sirve).

Por otra parte, cuando instruimos a un sistema artificial para que haga algo, actuamos como si él fuese un empleado muy eficiente pero incapaz de recordar nada más respecto de su entorno, ni de hacer comparaciones entre otros recuerdos. No importa cuan grandes y complejas sean las bases de datos con las cuales deba comparar los resultados ni los métodos utilizados. El mecanismo no habrá obtenido ninguna información como resultado de una búsqueda propia, la relación entre los datos que maneje no tendrá nada que ver con su propia existencia. Siempre será el tonto más eficiente. Toda comparación que se le pida será siempre una instrucción ajena a él. (Es interesante hacer notar que mientras menos pensamiento haya, más eficientemente se ejecutarán los movimientos mecánicos aprendidos, más adelante explicaremos).

No existirá aprendizaje verdadero sin la necesidad de una búsqueda propia, esa es la primera y más elemental condición para emular cualquier ser vivo, desde el más simple al más complejo.

Cualquier sistema para que aprenda debe poder replicar un ciclo vital y debe estar sometido a la presión de encontrar aque-

llo que esté programado a buscar, dentro de un contexto espacial amplio y compuesto por múltiples elementos eventualmente útiles. Buscar entre un conjunto acotado siempre será una situación ideal que producirá un aprendizaje limitado.

Para que las búsquedas sean eficientes deberán ser realizadas con los recursos propios, los cuales serán reconocidos por el sistema en la realización del proceso mismo, es decir, por las limitaciones que se presenten cada vez que algún mecanismo impida o restrinja la búsqueda emprendida. Cuando los seres humanos emprenden sus búsquedas desconocen las limitaciones de sus propias facultades, las cuales sólo se harán evidentes cuando no alcancen para lograr sus objetivos, nunca antes (dice el dicho que de los errores se aprende y esto se debe a que no se sabe lo que se puede, hasta que se pone a prueba).

Si una maquina tiene que alcanzar algo y no lo logra, no puede simplemente detenerse. Si tiene la instrucción perentoria de alcanzarlo, al igual que los seres vivos, debe ser capaz de buscar con cualquier otro recurso, recordando siempre la limitación, **puesto que finalmente son nuestras limitaciones las que nos permiten conocernos. No obstante debe ser capaz de cuantificar de algún modo la dificultad de alcanzar la meta, exactamente igual que hacen los animales cuando se esfuerzan.**

Por decirlo de otro modo, en los seres vivos el manual de instrucciones lo escriben los propios organismos al enfrentar sus limitaciones.

En los seres humanos las búsquedas se irán complejizando en la medida que, primero, el desarrollo orgánico desencadene nuevas búsquedas y segundo, mantenga una actitud exploratoria frente a todo aquello que se cruce en su camino, que no haya visto antes y que le produzca alguna sensación, particularmente una nueva (en resumidas cuentas hemos definido la curiosidad). Probablemente las monjas de claustro, restringidas a un limitado entorno conocido y donde las novedades deben escasear, no tengan más opciones de búsqueda que la de Dios (y como tal vez sea difícil de hallar, será entonces una búsqueda eterna).

Un bebé humano que ya hable y se desplace en forma independiente, cuenta con movimientos instintivos que deberá aprender a controlar y manejar, con reacciones y respuestas instintivas que esencialmente le servirán para buscar y explorar y, por sobre todo, con la memoria para recordar. El bebé no necesita más comprensión del medio que aquello que sirva para obtener lo que requiere. Si pasa su tiempo en el medio de un charco de lodo, o en una sala suntuosa, le dará igual, lo mismo que si tiene limitaciones físicas serias, su vida al igual que la de cualquier otro niño será conseguir lo que quiere, como sea que lo logre con los recursos que tenga.

6. Percepción

Los seres vivos deben ser capaces de poder detectar por algún medio las substancias que requieren para sobrevivir. Aún los más simples, aquellos que sólo absorben lo que está en su entorno inmediato deben poseer algún mecanismo para reaccionar distinguiendo lo que sirve, lo que no, y aquello que definitivamente es perjudicial.

En los organismos complejos, percepción, es el nombre del proceso físico químico por medio del cual los sentidos registran las variaciones ocurridas en el medio ambiente y comunican al cerebro estos cambios de estado. La percepción es el primer paso en el proceso de interacción que se da entre los individuos y su entorno, en el transcurso de las búsquedas que estos emprendan en pos de procurarse lo necesario para la satisfacción de sus requerimientos orgánicos, cualquiera que estos sean.

Estos requerimientos podrán deberse tanto a condiciones orgánicas internas, como a las motivadas por la influencia de factores externos. Ejemplo, si un individuo está descansando a la intemperie y comienza a darle directamente la luz del sol, el aumento de temperatura percibido por el organismo generará en él la búsqueda de mejores condiciones de sombra para continuar con su descanso (esta búsqueda puede ser conciente o inconsciente).

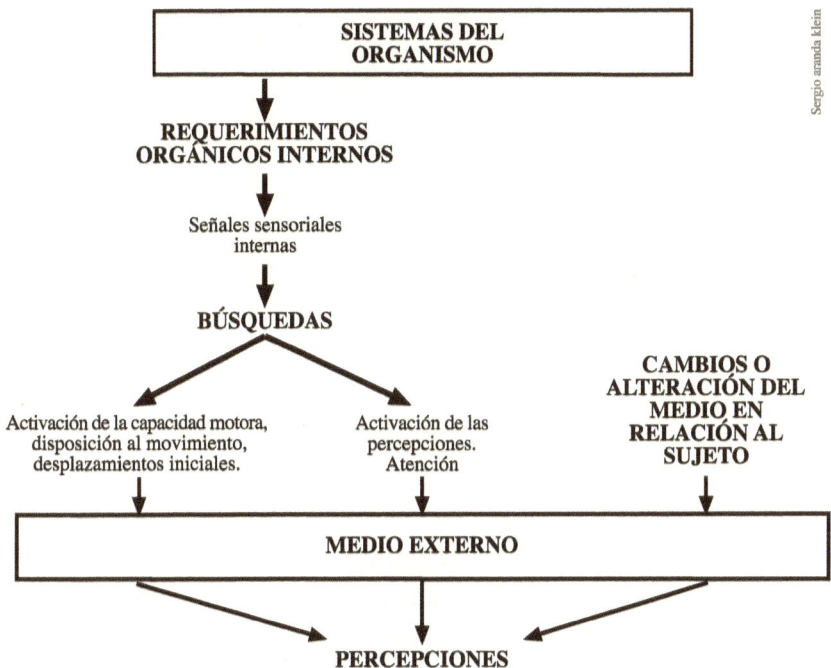

Para los efectos de este trabajo, consideraremos la percepción como el proceso por medio del cual las células receptoras sensoriales son capaces de detectar un cambio en el entorno y emitir señales internas en la forma de impulsos eléctricos, las que luego serán procesadas en el cerebro.

Dado que los individuos están en permanente contacto con el medio externo, sus órganos sensoriales también estarán en constante funcionamiento. Estos por sí mismos no generarán ninguna respuesta motora ni evaluación de lo percibido, serán sólo los encargados de registrar y transmitir los cambios, luego lo que produzca una reacción no depende de la percepción sino que del procesamiento de las señales generadas por ésta. La percepción es independiente de las reacciones, se trata de dos procesos distintos. Primero se percibe y luego se reacciona, no existe reacción sin percepción y sin embargo es muy frecuente la percepción sin reacción, percibimos mucho más de lo que procesamos.

El resultado directo de la percepción son las señales sensoriales, éstas corresponden al conjunto de valores que los órganos de los sentidos son capaces de producir como resultado de estar expuestos al medio externo. Sus valores válidos abarcarán todo el espectro que pueda activarlos. Es evidente que toda percepción genera una representación de la realidad basada en estos valores, y no la realidad misma, del mismo modo que una señal digital puede conducir los elementos de una imagen, de un sonido o de cualquier otro fenómeno físico o químico que sea susceptible de ser registrado por un sensor y descompuesto en impulsos eléctricos.

Con estos valores se estructurará el total de la "información" del entorno del que dispondrán los individuos para establecer su situación operacional en un marco espacio temporal. Esta es la función de los sentidos, establecer los canales por medio de los cuales los organismos se relacionarán con su entorno, o con la porción que puedan percibir de él, que siempre, y para cualquier especie o sistema, será una parte del total de lo que se halle en el exterior.

De esto se deduce que ninguna respuesta es producto sólo de la percepción, es decir, cuando uno "siente", quien genera la sensación es el cerebro en base a las respuestas que están grabadas en él, luego la idea de que sentimos en diversas partes del cuerpo es sólo una "percepción" equivocada que desafía una vez más el sentido común (es justamente debido a esto que las personas son capaces de "sentir" en aquellas partes donde han perdido algún miembro). Si realmente fuese cierto que las respuestas se producen en los órganos sensoriales, las mismas deberían ser idénticas en cada caso en que se produzca la activación de ellas por iguales valores de percepción, y esto no es así. Las reacciones y respuestas al tacto, por ejemplo, de las zonas erógenas no dependen de que dichos valores sean iguales en magnitud, sino de la combinación de distintas señales sensoriales producidas en un estado de ánimo* particular. El efecto de percibir presión sobre la piel en las zonas antes descritas puede producir distintos efectos que van desde el rechazo y la indiferencia absoluta, hasta la excitación máxima.

Consecuentemente todas las reacciones y respuestas posibles de los organismos respecto de situaciones externas a él, estarán dadas por su capacidad de procesar las señales sensoriales e interpretarlas a partir de la activación de valores de reacción instintivos.

No existirá percepción de aquello para lo cual no haya un valor de reacción instintivo. No se pueden inventar más formas ni colores que aquellos que podamos obtener del procesamiento de las señales obtenidas por la percepción directa, o que sean producto de la combinación de las que podamos percibir y que estén dentro del rango de reacción, lo mismo ocurre con los sabores, olores, texturas, etc. Todos los elementos nuevos que podamos incorporar a nuestros recuerdos serán el resultado de la combinación de valores de señales sensoriales provenientes de distintos sentidos.

Las percepciones siempre estarán compuestas por señales provenientes simultáneamente de todos los sentidos. La ausencia o valor cero de una señal proveniente de un sentido es también un dato valido, puesto que su falta es posible recordarla, ya que también ocupará un espacio temporal en el continuo perceptivo. "El silencio es tan buen dato como el sonido". Cuando se "silencian" valores sensoriales para aislar unos de otros, se presume que la ausencia de la señal faltante no ocupa espacio alguno, si esto fuese así no registraríamos el silencio, la falta de tacto, o la ausencia de luz.

---

* *Definiremos ánimo o estado de ánimo, como el conjunto de las manifestaciones físicas que demuestran la situación en que se encuentran los procesos de búsqueda originados por requerimientos de cualquier orden. Ejemplos, si nos encontramos en el medio de una búsqueda importante, el reflejo de ese estado será de algún nivel de ansiedad, si por el contrario hemos finalizado una búsqueda exitosa estaremos "bien" o "satifechos", ahora si no hemos podido concretarla o si ella ha fallado nos encontraremos molestos, enojados, frustrados. Si estamos buscando en nuestros recuerdos algo necesario para resolver una búsqueda, estaremos concentrados, si nos hemos acordado casualmente de un antiguo recuerdo podremos estar nostálgicos, etc.*

Por el contrario resulta que es muy frecuente buscar el silencio o la oscuridad, como satisfacción a una necesidad.

Todo lo que seamos capaces de recordar estará construido a partir de valores de señales sensoriales perceptibles y sus combinaciones. El concepto aritmético de sumar, que corresponde a agregar o quitar, lo aprenderemos mirando manzanas, dedos y toda clase de figuras y dibujos que nos permitan hacer la asociación que representa la idea, puesto que las sumas no son elementos perceptibles. Del mismo modo, para relacionar los conceptos matemáticos más abstractos haremos uso de representaciones gráficas que nos permitan "visualizarlos". En este caso los elementos utilizados constituirán un paso intermedio entre la "idea" (recuerdo ficticio) y la existencia real de un ejemplo concreto. Los recursos gráficos serán sólo representaciones que permitirán las asociaciones. Para una persona un dibujo podrá significar muchos objetos y situaciones diferentes, su "comprensión" del significado "verdadero" dependerá de su mayor o menor capacidad de extraer de sus recuerdos, los elementos significativos que le permitan asociar a su experiencia las reglas de relaciones implícitas en el dibujo. La capacidad de lograr asociaciones útiles siguiendo ciertas reglas entre lo que se percibe y los recuerdos, ya sean reales o imaginados, para obtener como resultado uno nuevo, que pueda ser utilizado en una búsqueda en situaciones comparables, es lo que llamamos inteligencia. Quien resuelve un problema a partir de una solución imaginada, parte del supuesto indispensable de que puede hacerlo, de que sabe como, puesto que es capaz de "ver" el resultado antes que ocurra, combinando mentalmente la realidad percibida con sus recuerdos.

Los elementos visuales no son los únicos posibles de utilizar para hacer las relaciones que nos permitan asociar objetos abstractos o simbólicos con nuestra realidad sensorial. No cabe ninguna duda de que para más de algún matemático una curva puede ser, dulce, cálida, suave, dura, ruidosa, armoniosa, incluso "peluda", etc. Es posible que ciertas formulaciones abstractas sean, placenteras y otras insufribles. Si imaginamos el espacio buscaremos recuerdos de cosas frías y obscuras, si pensamos en energías recordaremos el calor, la luz, los colores brillantes, o cosas que se mueven. La atracción gravitacional sería difícil explicarla si no tuviésemos el recuerdo de nuestras caídas al suelo, de nuestra percepción del equilibrio y hasta de los giros que nos mareaban en nuestros juegos infantiles. La música como concepto es una construcción esencialmente abstracta, cuya principal función es producir placer a partir de la ejecución de sonidos evidentemente perceptibles.

Cada elemento abstracto es posible representarlo combinando los recuerdos de distintas "sensaciones". Las tablas de multiplicar se recuerdan mejor cuando se las ha aprendido repitiéndolas como una rima melodiosa, cuya recitación resulta agradable.

Nuestros sentidos producen una gran variedad de señales sensoriales, es probable que la omnipresencia de algunos de ellos nos impida reparar en su existencia, es el caso, por ejemplo, del sentido del equilibrio o del paso del tiempo, este último francamente ignorado.

Los seres humanos vivimos pendientes del transcurso del tiempo y no puede ser de otro modo, en el caso de individuos especializados genéticamente en recordar, saber qué ocurrió antes y qué después se hace imprescindible, independientemente de que tan alejados entre sí estén los eventos perceptivos. ¿Cómo podríamos recordar si los recuerdos no estuviesen catalogados, ordenados de algún modo? Si no existiese el sentido del tiempo los recuerdos se amontonarían unos sobre otros enredándose a la menor agitación. Por otra parte muchas actividades humanas están asociadas a la percepción "correcta" del paso del tiempo, entre éstas todas aquellas que requieran de algún grado de espera o de repetición cíclica de algún movimiento o actividad. La música, la danza, cocinar, esperar el paso del transporte público, etc. son algunos ejemplos sencillos y cotidianos. La cadencia de los movimientos no tendría sentido y no produciría ningún efecto en nosotros si no fuésemos capaces de percibir su regularidad temporal, que es lo que ocurre con los movimientos o sonidos descompasados. Los seres humanos sabemos en forma instintiva cuanto tiempo pasa aproximadamente entre cada evento perceptivo, unas horas, unos días, algunos años, incluso si algo es rápido o lento. El reloj es a nuestra percepción del tiempo, lo mismo que los lentes de aumento a la visión, en ambos casos mejoramos artificialmente nuestras percepciones (la búsqueda de vida inteligente extraterrestre por parte del SETI, se basa en el seguimiento de la regularidad entre señales electromagnéticas significativas, relativamente cercanas entre sí).

Nuestro reloj biológico debe estar conectado íntimamente con los sistemas de procesamiento de las señales sensoriales produciendo distintas respuestas según la frecuencia a la que se perciben estas señales.

Nuestra realidad y las cosas que hacemos en ella están hechas con lo que podemos percibir. Los valores de reacción a las señales que percibimos son nuestros materiales básicos de construcción y representación mental, ¿de qué otro modo podría ser?

Nuestros órganos sensoriales nos proveen datos de muchas dimensiones distintas de un mismo fenómeno. Gracias a nuestros sentidos podremos distinguir las principales características físicas, químicas y de ubicación en el espacio temporal. Esta completa identificación de un objeto la lograremos cuando su cercanía nos permita aplicar sobre él nuestra mayor capacidad de exploración, en estos casos nuestra información puede resultar redundante, sin embargo la cercanía es la condición que se obtiene al alcanzar el objeto buscado, lo normal es que nos acerquemos desde donde no podamos hacer una identificación inmediata, en esos casos cada sentido ofrecerá una guía distinta para rastrear el objeto a partir de las proyecciones de sus propias características en el medio ambiente. **La redundancia sólo se obtiene cuando hemos alcanzado lo buscado, no antes. Lo obvio siempre es lo que tenemos frente a nosotros.**

7. Las reacciones

Las reacciones a las percepciones constituyen nuestro verdadero punto de entrada a la comprensión de las singularidades humanas y su análisis nos permitirá ir aclarando todas aquellas cuestiones que habíamos dejamos para más adelante y cuya explicación hasta ahora no haya sido evidente.

En efecto, en el transcurso de nuestra exposición nos hemos visto forzados a hacer muchas afirmaciones cuyo origen no explicamos y esto se debe a que el orden escogido para la exposición parte con el inicio de un ciclo vital, es decir con la secuencia; vivo – búsqueda – percepción – reacción... etc.

Si bien la secuencia guarda un orden ascendente "lógico", cada uno de los elementos que la componen son interdependientes. Esto significa que no podremos hablar de las búsquedas sin mencionar las percepciones, y tampoco lo podremos hacer respecto de éstas sin mencionar a las reacciones, y así sucesivamente. El ciclo vital, es perfectamente circular (helicoidal), no existe un comienzo riguroso, a menos claro, que encontrásemos el momento justo en que se formó el primer organismo hace aproximadamente 4.000 millones de años. Para nuestras más modestas pretensiones de explicación, un buen comienzo es con el nacimiento del bebé humano, pero exactamente en el instante que abandona el cuerpo de la madre, pues a partir de allí comenzarán a operar y desarrollarse todos los mecanismos instintivos propios de un individuo independiente (recordar que el acto de reclamar su primer alimento ya es el de un organismo funcionalmente independiente, que ejecuta su primera búsqueda).

Así pues, al explicar el fundamento, alcance y división de los procesos relacionados con las búsquedas nos fue inevitable hacerlo en el contexto humano, esto es, agregando otros elementos que simplemente dimos por sentado que existen, aunque no definimos su origen. Hablamos de sensaciones, conciencia y aprendizaje, cuando en principio lo que queríamos dejar en claro era la importancia de establecer el motor que impulsa a lo vivo a seguir viviendo.

Es importante esta aclaración porque hasta aquí no hemos dado por fundamentado el origen de la formación de recuerdos, ni del aprendizaje, sólo hemos afirmado que existen, y que en asociación con las otras acciones inherentes a lo vivo, como las búsquedas, funcionan de determinada manera. Lo cual no significa que todas las especies recuerden y que aquellas que lo hacen, los utilicen como nosotros.

Entonces, para comenzar definiremos las reacciones a las percepciones como: **El proceso por medio del cual los valores de las señales sensoriales obtenidas mediante la percepción, son comparados con aquellos que corresponden a los que generan las respuestas, y que se encuentran grabados en la memoria genética y en la memoria adquirida. Los valores coincidentes para uno y otro caso serán los que llamaremos "Valores de Reacción", que son los que activarán las respuestas correspondientes.** Ahora bien, esta definición no nos indica cómo es que se forma la memoria adquirida, simplemente parte del hecho de que ella existe y que se activa de forma análoga a como lo hace la memoria genética, es decir, por la comparación de los valores percibidos con los existentes.

Entonces, ¿cómo formamos la memoria adquirida? He aquí la cuestión de fondo. Si en principio todas las búsquedas son ordenadas y guiadas por instrucciones instintivas, y estas operan en ausencia de recuerdos, conciencia o pensamiento, ¿cómo es que llegamos a crearlos?

Sostenemos que efectivamente antes de la memoria adquirida sólo existe la memoria genética, y la adquirida se encuentra en blanco*, es decir el bebé recién nacido sólo reaccionará a sus instrucciones instintivas puesto que no existen otras. Su capacidad de almacenar recuerdos dependerá de que entre esas instrucciones haya alguna que le permita hacerlo. Como creemos que no existe ninguna otra

---

*A riesgo de generar una polémica que no es la razón de este trabajo, debemos hacer notar que: si la identidad de un individuo se haya en el conjunto de sus recuerdos, entonces, el bebé no tendrá una hasta que comience a interactuar con el medio y ello ocurrirá una vez nacido (si en el interior del útero no se desarrolla ninguna búsqueda, no hay razón para pensar que pueda formar recuerdos dentro de él).

posibilidad de que sea de otro modo asumiremos que efectivamente la capacidad de recordar obedece a la operación de instrucciones instintivas, sin embargo hay un problema, ¿qué, de todo lo percibido, recordaría? Sabemos que ni el bebé ni nadie recuerda o puede recordarlo todo, es un hecho. Entonces debe haber un mecanismo para seleccionar de entre todas las percepciones aquellas que tengan alguna relación con sus búsquedas, puesto que aunque parezca trivial, los seres humanos e incluso los otros animales que recuerdan, no lo hacen respecto de cualquier cosa, no nos acordamos de las todas las formas de nubes que hemos visto, ni tampoco de todas las vueltas que nos damos en la cama al dormir, etc. Necesariamente debe haber un mecanismo para "elegir" que recordar y que no.

Decíamos en el capitulo anterior que los sentidos perciben todo el tiempo, sin embargo no reaccionamos a todo lo percibido, luego aquellas señales sensoriales a las cuales reaccionemos deben representar algo de "interés" y todo aquello que sea interesante será parte de una búsqueda, incluso la de no sentir nada, como por ejemplo, "ruidos desconocidos en la noche", con ello se demuestra que es el organismo el que con una posición activa en el medio se "predispone" a reaccionar ante determinadas señales sensoriales y no que percibe pasivamente de acuerdo al merito de los estímulos, pues si así fuese estaría reaccionando todo el tiempo, ya que todo lo que lo rodea tiene el potencial de ser estimulante. En general cuando se habla de estímulos se hace a posteriori es decir cuando se constató que efectivamente algo produjo un efecto, este reconocimiento no tiene en verdad ningún valor, porque indudablemente la explicación del supuesto valor estimulante se acomodará a los hechos ya ocurridos.

Sabemos que en general las reacciones y respuestas instintivas relacionadas con el entorno, generan y direccionan movimientos específicos en función de objetivos predeterminados genéticamente, no tenemos que aprenderlos. Vamos a llamar a estas reacciones, **"Reacciones Instintivas Específicas"** o **RIE**, que son del tipo de las que generan los llamados actos reflejos.

Ahora bien, nuestra hipótesis es que existen otras respuestas instintivas cuya función es muy diferente, ellas no generan movimiento y tampoco identifican objetivos específicos en el entorno, sus valores son activados por las **"Reacciones Instintivas Inespecíficas"** o **"RII"**, estos valores producen lo que llamamos sensaciones, es decir, producen un efecto orgánico cuyo resultado no conduce a una acción inmediata del organismo en el medio. Los valores para cualquier sensación producida por una percepción también son instintivos puesto que están grabados en la memoria genética, luego, **no tendremos que aprenderlos, sin embargo habrá que descubrirlos,** lo dulce lo sentimos dulce, porque así nuestro organismo interpreta esa percepción. No conocemos todos los valores posibles para las distintas sensaciones, puesto que éstos se manifiestan exclusivamente como resultado de una percepción y sin embargo, llegado el caso, siempre tendremos una respuesta frente a ellos aunque nunca antes los hayamos percibidos, justamente porque los valores de este tipo de respuesta son instintivos, nos gusta, no nos gusta, nos es indiferente, etc.

Precisamente porque estas respuestas no generan acciones concretas inmediatas, las hemos llamado inespecíficas, es más, en diferentes individuos pueden provocar comportamientos distintos, no obstante que en todos los casos la sensación que cada uno de ellos perciba será semejante, por ejemplo, el sabor dulce será dulce para todos los individuos, pero a algunos podría gustarles más que a otros, luego el comportamiento derivado de la respuesta al "gusto" puede variar lo suficiente entre cada individuo como para afectar no sólo su comportamiento sino sus conductas frente a los elementos del entorno.

Es claro entonces que las RII permiten la evaluación de las percepciones, toda vez que podremos "juzgar" su efecto en nosotros antes de "decidir" una acción, posibilidad que no existe en la operación de las RIE.

No obstante todo lo anterior, hay todavía una función más de las RII que consideramos, con mucho, la más importante de todas y constituye uno de los pilares de nuestra teoría del aprendizaje. Sostenemos que: **Los valores de respuesta o sensaciones, activados por las RII, son los que se almacenan en la memoria adquirida,** puesto que los pertenecientes a las reacciones específicas están grabados en la memoria genética.

En otras palabras, todos los recuerdos de todas las situaciones posibles estarán construidos y almacenados, única y exclusivamente, como valores de sensaciones producidos como resultado de las percepciones sensoriales. Tanto nuestra conciencia, como nuestro yo inorgánico, operarán con este tipo de valores.

Esto significa que los valores de las sensaciones no los conoceremos hasta que alguna percepción en el medio los active. Una vez ocurrido esto, esos valores específicos podrán ser registrados, mediante el traspaso de un valor equivalente desde la memoria genética, que los contiene, hasta la memoria adquirida, donde pasarán a formar parte de una configuración particular que dará origen a un nuevo recuerdo. El siguiente esquema muestra como se forman los recuerdos a partir de la activación de los valores de las sensaciones.

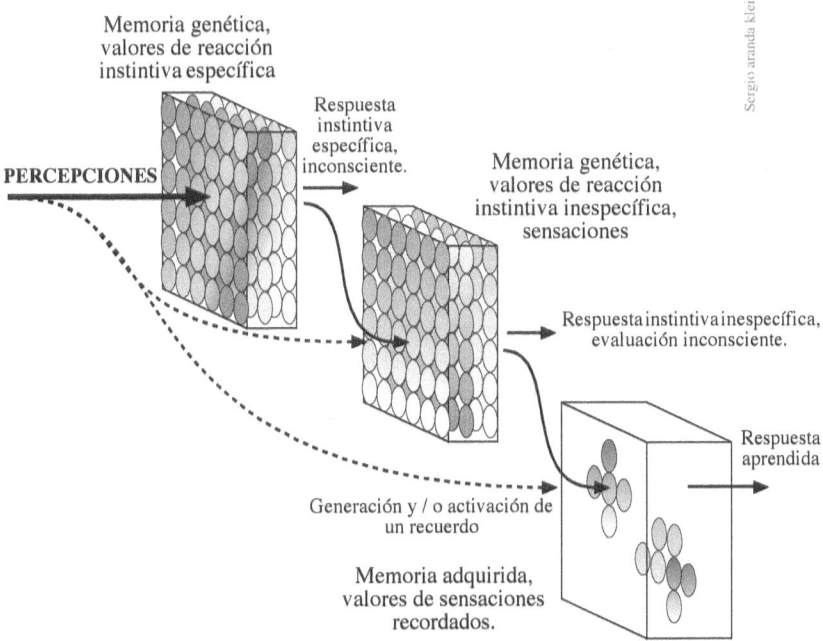

La conclusión necesaria es que todos los valores individuales de sensaciones con los cuales construiremos la memoria adquirida, están y forman parte de la memoria genética.

El esquema que presentamos a continuación representa un caso altamente improbable en que no existe ningún recuerdo anterior (salvo en un bebé recién nacido), sólo valores instintivos, entonces las opciones de comparación son únicamente dos. La trayectoria de la señal sensorial puede activar un valor de respuesta instintiva especifica o una inespecífica, en el segundo caso los valores corresponden a los de sensaciones, que son los que podremos recordar.

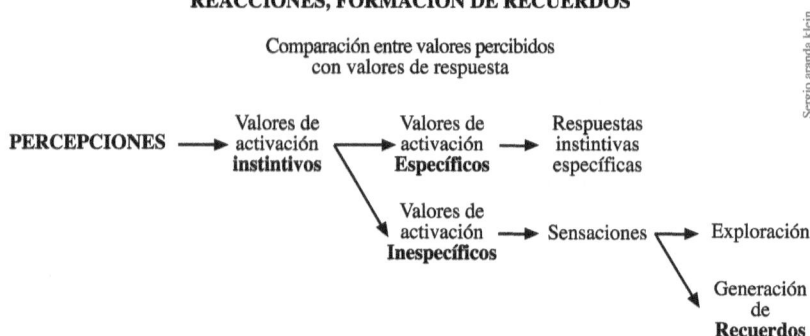

En el segundo caso representamos las opciones de comparación de un valor de señal sensorial cuando ya se han formado recuerdos.

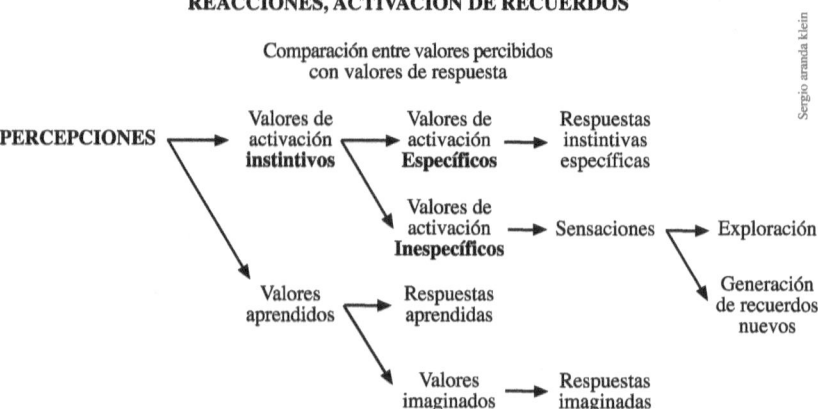

Es posible que las reacciones instintivas inespecíficas hayan evolucionado de las primeras (RIE) y su principal diferencia es que sus valores serían cercanos pero distintos de los de aquellas. Es decir, sabemos que toda reacción se produce cuando se registran determinados valores sensoriales, puesto que eso es justamente lo que percibimos, valores sensoriales, nada más. Las reacciones instintivas específicas están programadas genéticamente para activar una respuesta cuando se percibe una combinación de valores correcta, específica, y en ese caso estas respuestas son automáticas, sin embargo, es posible que con la evolución, los rangos de valores de percepción de los sentidos hayan ido aumentando sin que a la par se crearan nuevas respuestas instintivas a esos valores, por el contrario, en la medida en que ese aumento se hizo mayor, los valores de reacción específica quedaron cada vez más lejanos, tanto que comenzó a generarse cierto grado de incertidumbre e inoperancia respecto de la ubicación y ejecución de la respuesta adecuada.

Por decirlo de otro modo, los individuos comenzaron a percibir y reaccionar a mucho más que aquello para lo cual tenían respuestas específicas. Como consecuencia empezó a aparecer la duda, la incertidumbre, el no saber qué hacer, o cómo responder, en definitiva, qué acción seguir.

Ante la creciente imposibilidad de poder determinar con precisión que es lo requerido dentro del entorno, tuvo que irse modificando una conducta que ya existía y que es muy frecuente en muchas otras especies, cual es la exploración. En efecto, las exploraciones son los procesos de desplazamiento, ligados a las búsquedas, por medio de las cuales los individuos se aproximan a sus objetivos. En este acercamiento las características de lo buscado están claramente definidas genéticamente, los otros animales "saben" y reconocen lo que están buscando puesto que de algún modo los valores de señales que perciben coinciden exactamente con los que están grabados en su memoria genética y esto los lleva a responder sin vacilar cuando se encuentran frente al objetivo. Con la misma seguridad, ignorarán todo aquello del entorno que no forma parte de sus búsquedas. Por el contrario la versión modificada de este proceso, que es la que creemos que adoptaron y desarrollaron muchas especies y entre ellas los antepasados humanos, consiste en probar evaluar y recordar. Es decir que los individuos, al contrario de lo que ocurre en el caso anterior, no saben con "seguridad" si lo percibido corresponde o no a lo buscado. En este caso los grados de "seguridad" o "certeza" se alcanzarán exclusivamente en función de las sensaciones que le produzcan las pruebas. Es interesante hacer notar, aunque parezca trivial, que la mayor parte de las especies "sabe", de qué, de cómo, de cuándo y de cuánto debe alimentarse, en cambio muchos seres humanos necesitan leer la etiqueta del pote antes de saber si el contenido le conviene o no. Bromas aparte, todos los seres humanos normales probaremos, mirando, incluso tocando y tomándole el olor a lo que vamos a comer, y si es por primera vez, probaremos además con la punta de la lengua. Si el sabor no nos gusta lo evitaremos aunque se trate de algo "natural y nutritivo", esto demuestra dos cosas, primero, que nuestra dieta no está definida genéticamente más allá de unos pocos sabores, entre los que se encuentran lo dulce por el lado de la aceptación, y segundo, que el dicho popular, "sobre gustos no hay nada escrito" corresponde exactamente a la constatación de lo poco definida genéticamente que está nuestra dieta, esto significa que podremos alimentarnos "casi" de cualquier cosa que aprendamos a consumir. Para la mayor parte de los otros animales "sus gustos están genéticamente escritos".

Es interesante hacer notar dos cosas, primero, que los bebés y los niños pueden manifestar desagrado por cosas que eventualmente les gustarán en el futuro, ante esto cabe señalar que es posible que así como el gusto por el sexo no se ha manifestado en ellos, otros gustos también requerirán de cierto grado de desarrollo antes de que puedan apreciarlos. Segundo, que a pesar de que algo puede no gustar al principio, la eventual necesidad de tener que consumirlo porque es todo lo que hay, provocará costumbre y finalmente aceptación. Los seres humanos tienen la enorme capacidad de adaptarse (acostumbrarse) a condiciones que inicialmente pensaron imposibles, y esto en todos los ámbitos de la vida ("Con hambre todo sabe bien", "El hambre es la mejor salsa" o "Con hambre no hay pan malo").

Es evidente que en la medida en que menos cosas estén definidas genéticamente por medio de las RIE, mayores posibilidades de adaptación a diferentes ambientes tendremos los seres humanos, y si a esta capacidad de evaluar las percepciones le agregamos la posibilidad de almacenar sus resultados en la memoria, entonces los valores de las RII cumplirán una función análoga a las RIE, es decir, aprenderemos a responder de acuerdo a la experiencia, a falta de instrucciones instintivas específicas.

La dependencia de los recuerdos como mecanismo de búsqueda, por sobre las respuestas instintivas específicas, permite la adopción de un universo de respuestas graduales mucho mayor que las que proveen aquellas, puesto que serán los propios individuos quienes las construyan de acuerdo al efecto particular que les produzca los elementos del entorno. Mientras mayores sean la cantidad de valores de reacción instintiva inespecífica, mayor número de elementos del medio podremos registrar en la memoria. Un ejemplo de esto es el que se produce al ver una pintura, mientras mayor el número de colores que podamos percibir, más compleja será la imagen que podremos construir y más elementos individuales podremos reconocer. Otro ejemplo famoso es el relacionado con los diferentes nombres para los distintos tipos de nieve que tienen los esquimales. Percibir estas pequeñas variaciones y recordarlas es lo que nos permiten hacer las RII.

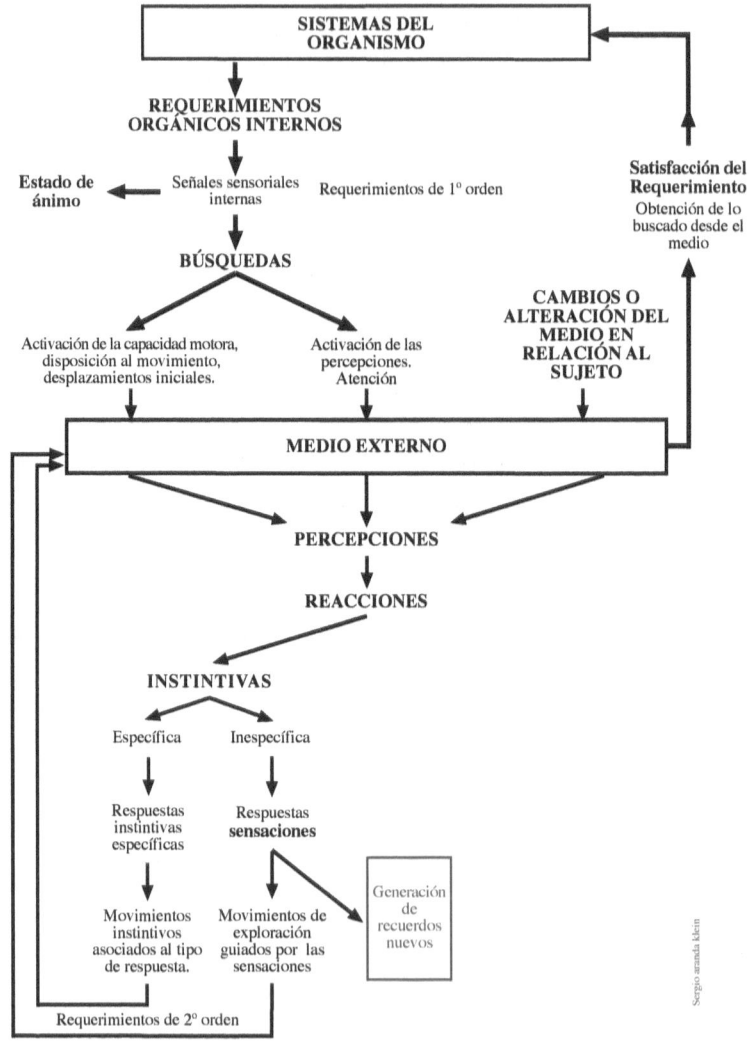

El conocimiento (recuerdo) de los valores de las sensaciones por parte de los individuos a quienes pertenece, es posible sólo en la medida que en su percepción del entorno active estos valores. **Nadie conoce lo que no ha percibido**, en consecuencia estos valores y las respuestas que producen corresponden a requerimientos orgánicos de segundo orden, es decir, el organismo en su relación con el entorno y ante una percepción realizada en él requiere una respuesta, obtenerla es el requerimiento (tanto las RIE como las RII corresponden a instrucciones de segundo orden).

Hemos empleado sistemáticamente el ejemplo de la obtención del alimento como requerimiento fundamental, porque es el único que es regular y permanente durante toda la vida del individuo. Hacemos esta aclaración, primero porque no faltará quien alegue que la vida de los seres humanos no es sólo conseguir comida, y segundo porque como veremos a continuación, los recuerdos de las sensaciones que son la base del conocimiento y de muchas búsquedas, influirán de tal modo en nuestras conductas que a la larga nos llevarán a creer que somos lo que no somos, conduciéndonos a perder de vista la importancia de la alimentación como motor fundamental.

Creer que por tener asegurada una fuente de alimentos estable y permanente, los objetivos biológicos serán distintos a los de aquellos que no la tienen, es no comprender en absoluto la función biológica que nos anima. Nuestros cuerpo y órganos no sabrán de pobreza ni opulencia. En cualquier caso pedirán exactamente lo mismo para poder vivir, y si acaso llega a sobrar, para nuestro cuerpo podrá ser tan malo como si faltara. En términos biológicos no es mejor que sobre a que falte. Otra cosa muy distinta es la cantidad de tiempo y esfuerzo que cada uno dedique para conseguir lo que necesite y el gasto particular asociado que ello implique.

Una vez alcanzada la especialización en el aprendizaje, por la vía de la acumulación sistemática de recuerdos, muchas de nuestras búsquedas se iniciarán a partir de conseguir la reproducción del efecto orgánico de las sensaciones, independientemente de las necesidades o requerimientos de primer orden. Cada vez que comemos por placer, lo que buscamos es "sentir" nuevamente la sensación de agrado, comeremos independientemente de que tengamos hambre, simplemente porque nos gusta. La obtención de sensaciones se convertirán en el origen de muchos requerimientos y búsquedas. No obstante nunca dejarán de estar fundamentadas en requerimientos de segundo orden, puesto que las sensaciones se obtienen de la percepción y este es un mecanismo de relación entre el organismo y el medio externo, luego sus funciones están o deberían estar al servicio de los requerimientos de primer orden, y sin embargo no es del todo así, no en el caso de los seres humanos, que pueden hacer del placer un segundo motor de búsqueda.

Aquí es realmente donde ocurre lo interesante, donde la lógica biológica aparentemente hace algo sorprendente. Por supuesto que el organismo siempre responderá a los requerimientos de primer orden, no funcionaría correctamente si sólo lo hiciera respecto de la obtención de la satisfacción o el placer. **Pero en verdad no es el placer en sí mismo el que nos hace buscarlo,** *es el recuerdo de él* (placer en cualquiera de sus grados, satisfacción, agrado, felicidad, etc.), puesto que si no fuésemos capaces de recordar y reconocer exactamente en que circunstancias se produjo, no intentaríamos volver a conseguirlo. Esto parece obvio, pero lo parece sólo porque los seres humanos somos especialistas en recordar lo que nos gusta, en otras especies que no tengan la misma facultad, o no en igual grado, recordar no será parte de sus funciones biológicas normales. **Ellos no buscarán de acuerdo a sus gustos aprendidos, lo harán respecto de los genéticos.**

Es la combinación de la capacidad de sentir placer con la de recordar, tanto el valor de la sensación como la situación en que se produce, la que creará la condiciones perfectas para que los seres humanos desarrollemos nuestras particulares habilidades, sobre todo porque quien administra los recuerdos y las acciones que se ejecuten a partir de ellos no son los órganos internos, es justamente el yo inorgánico el que por definición no esta vinculado estructuralmente al organismo. El yo inorgánico depende de los valores sensoriales de segundo orden en la medida que son éstos los que se registran en la memoria, sin embargo su operación se hará evidente a través de la búsqueda y recuperación de los elementos almacenados, es decir, de acuerdo a instrucciones de tercer orden (lo aprendido). El yo inorgánico no está relacionado directamente con los órganos internos y ni siquiera los percibe (no existen recuerdos de la operación de los órganos internos), la verdad es que de no ser porque los seres humanos lo hemos investigado, el yo inorgánico podría perfectamente ignorar al cuerpo*, hasta que éste simplemente se revele, tal como ocurre constantemente cada vez que hay una contradicción entre lo que queremos y lo que podemos. El yo inorgánico existe en la medida en que hay búsquedas en la memoria, y ellas sólo consideran lo que ha sido registrado, cualquier otra cosa fuera del ámbito de los recuerdos no será parte de la conciencia ni del yo inorgánico. Los valores sensoriales que conformen los recuerdos serán utilizados por el yo inorgánico para guiar al cuerpo en la dirección en que además de satisfacer los requerimientos básicos pueda hacerlo dándole satisfacción a los gustos, sintiéndose bien (trabajar y vivir de una forma agradable).

Si hay un momento en que la existencia y contradicción entre cada uno de los dos yo se puede percibir perfectamente bien, es cuando los niños se niegan a acostarse y sin embargo no pueden evitar quedarse dormidos, se busca más de lo que se puede.

Es el yo inorgánico el que, al margen de un requerimiento de primer orden, puede ordenar una pizza o tomarse litros de cerveza sin tener hambre ni sed. La sed de la resaca, esa sí la demandará el organismo a través de los requerimientos de primer orden. Por otra parte el que se suicida es el yo inorgánico (el orgánico no tiene como hacerlo), la verdad es que el suicida lograría el mismo propósito si pudiese borrar todos sus recuerdos, al despertar realmente sería otra persona, una nueva. Volviendo al primer caso, juntarse con los amigos a beber constituyen acciones motivadas por requerimientos de segundo y tercer orden. De tercer orden es la utilización de los recuerdos que sirven para identificar quienes son los amigos, cual es el lugar donde juntarse y la marca de la cerveza preferida, de segundo orden son las sensaciones que dieron origen a esos recuerdos. Aún más, lo que normalmente se conversa en esas reuniones corresponde al resultado de procesos de cuarto orden, es decir a la combinación de los recuerdos para elaborar los recuerdos ficticios, las ideas o creencias.

---

* *Es el yo inorgánico el que representa la idea de alma, justamente por su inmaterialidad.*

Las sensaciones placenteras pueden ser muchas y muy variadas, tantas como las de desagrado. Los seres humanos cuyos requerimientos de primer orden se satisfacen mediante búsquedas que impliquen poco gasto energético y, en consecuencia, cuenten con mucho tiempo libre, estarán propensos a buscar sensaciones solamente por el placer de sentirlas y de ocupar el excedente energético (los pasatiempos, los deportes, etc.). A lo largo de la vida nos empeñaremos en obtener lo que queremos siguiendo requerimientos de segundo orden, y sin embargo, si no lo logramos, o si perdemos lo alcanzado, no pasará nada al nivel de los requerimientos de primer orden. Las sensaciones de desagrado o frustración que sin duda sentiremos y que en algunas personas pueden ser muy fuertes, serán respuestas de segundo orden (el yo orgánico no se muere de amor, para él todas las mujeres (hombres) son realmente iguales). **La diferencia está en el gusto** y éste lo proveen las sensaciones y los recuerdos (se suele decir que hay personas que piensan con órganos diferentes al cerebro, cuando no son muy selectivos).

Buscar es inherente a los seres vivos y buscar satisfacción es inherente a la condición biológica de los seres humanos, no es nuestra culpa. Es nuestra memoria y el yo inorgánico que se nutre de ella, el que nos lleva a buscar cosas que no siempre necesitaremos, pero no lo sabremos hasta haberlas conseguido, para cuando lo logremos podremos darnos cuenta que tal vez no eran tan importantes.

La capacidad de explorar, probar y recordar, que tan útil ha sido para la adaptación de la especie a múltiples ambientes y que nos lleva incansablemente a seguir buscando, depende del recuerdo de la enorme variedad de sensaciones que nuestro organismo puede producir.

Llegado este punto es importante hacer notar una consecuencia inevitable y sorprendente de la construcción de respuestas mecánicas aprendidas. En efecto, sabemos que la transformación de los movimientos exploratorios en mecánicos, se consigue mediante su repetición sistemática. También sabemos que estas respuestas las memorizamos gracias a las sensaciones que provocan en sus primeras ejecuciones y, al grado de *satisfacción que se alcance con ellas en el logro de un objetivo. Pues bien, en la medida en que cada uno de los detalles de los movimientos utilizados en la respuesta, sea memorizado, dejarán de producir las sensaciones iniciales, puesto que éstas se percibirán principalmente respecto de aquello de lo que no haya respuestas específicas ni recuerdos anteriores, los cuales se comenzarán a formar desde el momento mismo en que las señales sean percibidas. En otras palabras, en la medida en que las sensaciones permitan conocer algo, ese algo dejará paulatinaménte de provocarlas, puesto que será cada vez más conocido, hasta transformarse finalmente en un conocimiento mecánico que no provocará más sensaciones. Es importante, en todo caso, diferenciar las sensaciones producidas por los movimientos realizados para obtener un objetivo, de las que se obtengan con el logro de los objetivos mismos. Ejemplo, al hacer el amor las primeras veces (con la misma persona), los movimientos preliminares podrán producir sensaciones tan intensas como las que se alcanzan en el propio orgasmo, sin embargo y en la medida que estos movimientos se repitan y se aprendan, dejarán de producirlas, no obstante que siempre buscaremos el orgasmo, puesto que este último es el resultado de un requerimiento de primer orden (dice el dicho, "a la larga todo aburre"). **Cada nueva situación que conozcamos gracias a las sensaciones que nos produzca, dejará de generarlas en la medida que la conozcamos más.** Con todo, **las sensaciones y sentimientos que nos ocasionen posteriormente las situaciones conocidas, se deberán a los recuerdos que hayamos formado de ellas, y no al proceso de asimilarlas nuevamente.** Ejemplo, al recordar una canción que nos gusta, lo haremos respecto del recuerdo de las sensaciones que nos produjo en su oportunidad o bien como parte de un nuevo recuerdo en que la hemos combinado con otros elementos, en cuyo caso las sensaciones resultantes, serán las correspondientes a los sentimientos y emociones propios de la construcción de recuerdos ficticios, que más adelante explicaremos (en general las respuestas mecánicas se aprenderán respecto de lo percibido y sobre todo de los movimientos).*

Mientras más extremos sean los valores de las sensaciones, con mayor facilidad recordaremos la situación y los elementos que la produzcan. No debemos olvidar además, que todo evento perceptivo estará compuesto por un conjunto de señales sensoriales provenientes de distintos órganos simultáneamente, será entonces la combinación de ellos los que activarán variados y distintos valores de respuesta ya sean pertenecientes a las RIE o RII. Cuando hemos hablado de: gusto, agrado, placer, repulsión, rechazo, satisfacción e incluso del dolor, estamos indicando valores de respuesta posibles para las sensaciones dentro de una gama muy amplia.

Sin embargo y puesto que: los recuerdos se producen en función de búsquedas (propias, inducidas, o forzadas); que siempre hay un trayecto que da continuidad temporal a los recuerdos dentro de un contexto espacial, en el cual hay un principio y un final para un **evento perceptivo** (dentro de una secuencia mayor e interminable), y; que todos los sentidos participan en este proceso; entonces, los recuerdos incluirán numerosos elementos que pueden tener relación directa o no con lo que queremos conocer. Son precisamente los elementos contextuales los que nos permitirán en el futuro ubicar una situación en el tiempo en el espacio, y establecer las relaciones y asociaciones entre los objetos recordados y entre ellos y nosotros. **Todo recuerdo corresponde a una parte de un evento perceptivo en el cual hay mucho más de lo que parece,** los elementos referenciales percibidos son tan importantes como los objetos mismos, aunque la precisión de su descripción pueda ser vaga, justamente con ellos construiremos los recuerdos que nos permitirán la intuición.

El sentido común (recuerdo reiterado de causas y efectos) nos indica que es posible recordar "cosas", no obstante ellas nunca estuvieron solas en el espacio. Haciendo memoria nos daremos cuenta que podremos asociarlas a las situaciones específicas en que las hemos visto o conocido y el hecho de que no expresemos verbalmente todo lo que sabemos acerca de algo no significa que esto no esté unido, mediante una posición en un evento perceptivo, a todos los demás elementos presentes en la situación en que se encontraban. De hecho preguntas como: ¿dónde? ¿cuándo? ¿cómo? y ¿por qué?, son habituales, porque sabemos que todo recuerdo invariablemente incluye los elementos contextuales y donde demasiadas veces es el contexto el que hace la diferencia.

La percepción del contexto y la ubicación y pertenencia de los elementos a él, es uno de los problemas claves que debe ser capaz de resolver mediante la observación y el recuerdo, cualquier sistema artificial.

En una clase de matemáticas no se recordarán las ecuaciones sólo por el merito simbólico de ellas, sino por todas las asociaciones que hagamos con recuerdos anteriores en que podamos imaginarlas como parte de algo conocido, además influirán en la retención de ellas todas las asociaciones contextuales con los objetos presentes en la sala de clase (¿te acuerdas de la clase en que el profesor se tropezó?), como por ejemplo, las conductas exhibidas por los otros alumnos y el profesor, las condiciones medioambientales, como frío, calor, claridad, oscuridad, ruido, silencio, olores, etc. El conjunto de todos estos factores y la influencia en el recuerdo que el estudiante pueda hacer, constituye un evento perceptivo. Resulta trivial entonces comprender por qué una clase "entretenida" produce buenos resultados, aunque en estricto rigor produciría el mismo resultado neto aquella que se recordará "vívidamente" por las sensaciones negativas, ya que lo que recordaremos es el valor nominal, es decir lo muy bueno y lo muy malo, y es por eso que los castigos cumplen su función. En el caso de la educación, lo peor es aquello que no produzca sensación ninguna, lo neutro (¿qué pasó?... nada). Toda regla mnemotécnica consiste en relacionar lo conocido con lo que se quiere recordar.

Mientras más pequeños son los niños que aprenden, con mayor cantidad de elementos sensoriales deberán ser representadas las cosas que queramos que memoricen, pues es evidente que carecen de recuerdos suficientes como para relacionar lo percibido con recuerdos anteriores (la experiencia de la primera vez es la que provee los recuerdos necesarios para enfrentar la segunda y así sucesivamente).

Los recuerdos están constituidos por conjuntos de valores sensoriales que representan los elementos tal como se perciben en la realidad, desde luego, la porción y en la forma que los sentidos puedan representarla, entonces la idea de que la memoria almacena información, datos, es errada, puesto que no tenemos ningún órgano que pudiese cumplir una función como ésta. Con menor razón aún, la memoria funcionará haciendo asociaciones "racionales" entre objetos a partir de la identificación de sus funcionalidades. ¡La memoria almacena recuerdos!, Las computadoras almacenan digitalmente representaciones de elementos que consideramos información, más será información para quien comprenda el significado de lo representado, para quien no sepa sólo se tratará de dibujitos (percepción visual).

Ahora bien, aunque más adelante explicaremos más en detalle, por el momento diremos que las asociaciones entre los valores de lo que se percibe con los que se recuerdan, tiene que ver justamente con la coincidencia entre ellos. Es precisamente el proceso por el que se forman los recuerdos el mismo que permite recuperarlos. Así si vemos un color que nos gusta, probablemente lo asociemos con otras cosas que aparte de compartir el color no tengan nada más en común. Por otra parte sólo una gran cantidad de recuerdos en los que se halle reflejada una gran experiencia respecto de las características de objetos particulares dará lugar a lo que sólo parecerá un análisis racional, sin embargo tal racionalidad será en verdad experiencia y "sensibilidad" frente a determinado tipo de percepciones. Quien estudia lo hace para aprender a reconocer las cosas y sus relaciones, memorizando todo aquello que es posible, es decir, los valores de las percepciones sensoriales, ¿qué otra cosa podríamos recordar?, ¿podremos recordar lo que no vemos, lo que no oímos, lo que no sentimos?, claro, pero sólo como ausencia de las cosas, así pues un análisis racional no es más que el recuerdo de las causas y los efectos de los fenómenos que conocemos o que podemos imaginar en base a recuerdos previos.

La racionalidad es una elaboración mental, un recuerdo ficticio que representa una abstracción, es imposible representar la racionalidad por medio de objetos o situaciones perceptibles, a lo más podremos dar ejemplos de acciones concretas que consideramos racionales, pero serán racionales para quien afirme que de eso se trata y no para todo el mundo.

Veamos otra situación, pretender, por ejemplo, que las ideas de vaso, jarra y agua van unidas, más allá de las percepciones en que observamos una relación circunstancial, es sacar una conclusión que sólo se obtiene de la experiencia de ver reiterado este uso, pero que en ningún caso hace cambiar la naturaleza propia de los objetos. En otras palabras, serán vaso, jarra y agua en la medida en que le demos esos nombres y establezcamos esa relación funcional, pero ella sólo existirá a partir del recuerdo de estos usos, es decir, del empleo de nuestra conciencia. Sabemos que basta que olvidemos para que sirven, para que dejen de ser inmediatamente los objetos de la función (la jarra perfectamente podría ser un florero). Los datos son datos en la medida que el yo inorgánico los recuerde en asociación a su utilidad, lo cual implica que necesariamente ellos deben ser parte de la experiencia de quien los interprete, si esto no ocurre, desaparecen (la noción es equivalente a la existencia del pasado). Luego, la idea de información o datos corresponde al resultado de procesar mentalmente (pensar) numerosos recuerdos de percepciones sensoriales para extraer de ellos los factores comunes y crear así un nuevo recuerdo ficticio (en la naturaleza no hay vasos), a los cuales agregamos artificialmente propiedades que no son directamente sensibles, puesto que no podemos percibir con los sentidos (nuevamente, no vemos vasos, vemos los objetos que cumplen la función), pero que sin embargo y paradojalmente están construidos y almacenados en la memoria con valores equivalentes a los de las percepciones reales, es decir vasos particulares. Puesto que de todos modos los vasos se describirán y reconocerán siempre por sus características perceptibles sensorialmente ya que no existe ninguna otra forma de hacerlo. Sabemos que no existe "el vaso", sólo objetos reales que cumplen esa función, exactamente lo mismo ocurre con los datos. Nadie puede construir ni siquiera en la imaginación "el vaso", siempre será "un vaso" particular, lo mismo ocurre con las letras, no existe una única "A", aunque todas deberán conservar algo en común, lo mismo que los vasos, cuyo factor común podría ser su capacidad de contener una cantidad "pequeña" de liquido para beberla directamente de él (sin asa).

Los datos, la información, siempre será el resultado de un proceso mental, nunca un elemento perceptible. Para que ellos existan, primero deben haber recuerdos que podamos procesar y obviamente en principio estos no están construidos por datos, los recuerdos de los que son datos siempre serán posteriores a la experiencia sensorial. Para ponerle un nombre a algo es imprescindible conocer el algo, o por lo menos haber imaginado que puede existir igualmente en virtud de la experiencia, como por ejemplo en el caso de Dios, que no sólo tiene nombre sino que además atributos, que se obtienen a partir de dar una explicación para fenómenos perceptibles (Dios no podría existir ni siquiera como idea si no es necesariamente en asociación con una interpretación de la existencia de los fenómenos perceptibles).

Entonces, los materiales de construcción de todas las ideas por muy abstractas que sean, serán los valores de las reacciones instintivas inespecíficas, las sensaciones, ya que sin ellas no repararíamos en las cosas, tal como hacemos cuando no nos fijamos, o pasamos por alto, aquello que no nos produce ninguna sensación (cuando los niños son conminados a aprender una de las frases más empleadas para captar su atención es: "... ¡pero fíjate bien en lo que estas haciendo!..."). Es un hecho que muchas veces miramos sin ver realmente, nos falta interés, lo visto no nos produce ninguna sensación más allá de las conocidas.

Los valores de las sensaciones son parte del yo orgánico, pertenecen al cuerpo, toda vez que no hay intermediación de los recuerdos el aprendizaje ni la conciencia, son instintivos. La sensación de lo dulce siempre será dulce y nunca salada. Esta idea de la pertenencia de las sensaciones al cuerpo está muy bien recogida en un dicho popular que dice: "lo comido y lo bailado no me lo quita nadie" (de lo único que realmente somos dueños los seres humanos es de nuestras sensaciones y de los recuerdos que podamos elaborar con ellas, eso es todo lo que podremos llevarnos a la tumba, siempre y cuando no los hayamos olvidado antes).

Por otra parte, los vasos son vasos y las jarras, jarras, gracias a la memoria, y al yo inorgánico que nos permite manejar los recuerdos de las formas y las funciones en base a la experiencia. La idea o abstracción del concepto vaso, dato o información, corresponde a la construcción de un recuerdo ficticio o imaginado, que conteniendo elementos del mundo sensible los modifica para crear uno que no existe en la realidad física.

Con todo, la transformación de recuerdos reales, o creación de recuerdos ficticios, a partir de la combinación de distintos elementos de memoria, requiere que existan los elementos sensibles asociados con los cuales poder representar la idea o situación imaginada. Es así como estas letras que usted lee son elementos gráficos perceptibles por los sentidos, que además tienen asociado en su memoria un sonido y un significado, que sólo podrá entender si busca en sus recuerdos lo que ha aprendido acerca de ellas. Al hacerlo, cada palabra evocará una sensación que ha sido lo que ha quedado registrado en su memoria. Los seres humanos buscamos representar con nuestras obras las sensaciones, las cuales por definición son sólo valores de respuesta instintivos, no son objetos, por lo tanto la representación de ellas se obtienen haciendo cosas que las reproduzcan cada vez que las percibamos. Reproducir en la realidad la idea de la magnificencia de Dios, se logra con construcciones magnificas. Las sensaciones no se pueden describir, sólo se pueden sentir, así que para poder comunicarlas será necesario provocarlas, si queremos que sean "comprendidas" (en sus juegos, los niños normalmente tratan de provocarle al otro lo mismo que a ellos les ocurrió, para que puedan entender sus sensaciones).

8. Los recuerdos

A lo largo de este trabajo hemos hecho ya numerosas referencias a los recuerdos y hemos más que sugerido la forma en que operan, sin embargo ahora nos vamos a referir específicamente a ellos.

Los recuerdos son conjuntos de valores de sensaciones, obtenidos y registrados secuencialmente en la memoria en la forma de conexiones neuronales, los cuales representan las señales sensoriales significativas, percibidas en procesos de atención. Los recuerdos en general estarán asociados a los elementos del medio que se encuentren en la trayectoria de una búsqueda, siendo los ubicados en el foco de atención aquellos en torno a los cuales se estructurará una red de relaciones perceptivas (normalmente el foco de atención coincidirá con los puntos de interés).

Es posible que los nuevos recuerdos estén construidos con elementos de recuerdos anteriores, permitiendo así dar origen a modificaciones o "actualizaciones" generando un continuo en el que de un modo u otro todos los recuerdos estarán asociados, algo así como un único gran recuerdo, en el que las partes independientes o fundacionales de nuevas redes serán los valores de nuevas sensaciones que no tengan representación anterior, las que sin embargo se vincularán con los anteriores a través de aquellos elementos que sigan siendo comunes, puesto que por más nueva que pueda ser una situación y las sensaciones que ella provoque siempre ocurrirá en un contexto compuesto por otros elementos conocidos. En este esquema, el olvido sobrevendría gradualmente cuando un recuerdo no sea activado con alguna regularidad o cuando sus elementos no sean utilizados en la construcción de los nuevos. Cuando vemos un paisaje nuevo lo que registramos como propio de él son las diferencias con los que conocemos, siendo lo más seguro que el resto de los elementos comunes correspondan a los situaciones anteriores. Es trivial la expresión, "mira se parece a...". Probablemente sea esa la frase que mejor refleje el proceso de recuperación y registro de recuerdos, puesto que ella combina acertadamente dos de las acciones fundamentales en el proceso de memorización, la atención y la búsqueda de elementos comunes con otros recuerdos, es decir, el pensar, el comparar. Curiosamente una de las posibles respuestas a ella es, "no me acuerdo". Lo cual demuestra que los valores de las sensaciones no son necesariamente comunes a todos los individuos. Sin embargo, si la nueva observación realmente genera sensaciones intensas entonces ese será el comienzo de una nueva serie de recuerdos, algo así como lo que ocurre al hacer un viaje por primera vez, el cual se convertirá en referencia de comparaciones para futuros eventos perceptivos.

*La recuperación e individualización de un recuerdo respecto de otros semejantes tendrá que ver con variables temporales y con la particular combinación de elementos de memoria en ese espacio de tiempo, que llamamos evento perceptivo. **Es incluso posible que la formación de recuerdos opere en la práctica como un sistema de compresión de valores basado en el tiempo.** Luego la percepción normal de una situación habitual no generará recuerdos nuevos más allá de los cambios que pudiesen ocurrir y que fuesen objeto de la atención, y en este caso será la variación lo que se registrará. El hecho de que los sentidos funcionen permanentemente no significa que estaremos elaborando recuerdos constantemente, ya que lo más probable es que la mayor parte del tiempo no repararemos en los objetos del medio que ya conocemos, el sólo hecho de percibirlos no significa en absoluto que generaremos nuevos recuerdos cada vez que los veamos. Es más, muchas veces olvidaremos cosas que forman parte habitual de nuestro entorno pero que sin embargo pasaremos por alto hasta olvidarlas, a pesar de verlas todo el tiempo, en cambio si algo cambia en ese escenario, es muy posible recordarlo aunque sea insignificante.*

En general, hemos visto que la capacidad de generar recuerdos depende de dos variables principales, primero, que existan las sensaciones, puesto que, si los desplazamientos y las reacciones a los elementos del medio son guiados únicamente por las respuestas instintivas específicas, entonces no habrá necesidad de sentir nada*, ni nada que memorizar. La segunda condición será que efectivamente exista una memoria en la cual se puedan almacenar los valores de las sensaciones.

Respecto de la primera condición, la existencia de sensaciones, creemos que es posible que ellas estén presentes en algunas especies y

---

Sentir, en la forma de otorgarle un valor de sensación a una percepción, ya que, obviamente todas las reacciones instintivas específicas requieren de la percepción y de su activación cuando esos valores sean coincidentes con los de respuesta específica, sin embargo en ese caso no hay sensación, o bien ella no tiene ninguna posibilidad de influir en forma decisiva sobre de la respuesta específica, que es justamente una de nuestras hipótesis.

en otras no, y aún entre las que se manifiesta jueguen papeles diferentes según la cantidad de valores y la intensidad con que se expresen.

Es probable que la existencia de las sensaciones sean evolutivamente muy anteriores a la capacidad de recordarlas, y aún así podrían haber desempeñado un rol importante en la concreción de las búsquedas, toda vez que pueden haber servido de "sintonía fina" para cada caso particular en que el individuo se encontrara frente a lo que su respuesta instintiva específica le indicara que lo encontrado era muy parecido a lo buscado.

En estos casos la sensación aparecería como una respuesta del momento que serviría sólo de complemento, y que en última instancia permitiría ratificar si lo encontrado se ajusta verdaderamente a lo buscado, pero sin que ello representara necesariamente extender estas características a todos los objetos y situaciones semejantes, que es justamente la ventaja de recordar. Cada una de estas respuestas sería independiente de las otras y en cada oportunidad la sensación operaría para ese caso particular.

Con todo, las sensaciones son u operan en todos los casos como mecanismos de evaluación de las percepciones, aún en aquellos en que su presencia sólo sirva, para terminar de concretar lo que la reacción específica ya ha identificado ciertamente como el objetivo.

Por otra parte es muy posible que algunos organismos no sientan en lo absoluto, es decir, que efectivamente operen sólo con respuestas instintivas específicas, entre ellos podrían estar los insectos. Por ejemplo, las polillas, aparentemente no tendrían como evaluar el calor emitido por una fuente luminosa, a la cual reaccionarán instintivamente cualquiera fuera su origen, puesto que su reacción instintiva específica es a la luz. Por el contrario otros organismos podrían reaccionar al calor independientemente de la cantidad de luz que emitieran las fuentes. Por otra parte perece evidente que las moscas no sienten ni aprenden de los interminables golpes que dan contra los vidrios de las ventanas.

Para resumir en una frase, podríamos decir que se pueden generar sensaciones y no recordarlas, pero no puede haber recuerdos sin sensaciones.

La segunda condición para que existan los recuerdos, es que efectivamente haya una memoria. En este caso y al igual que en el anterior habrán grados, la capacidad funcional de la memoria no sólo dependerá de cuanto pueda registrar, sino también de la utilidad que ello represente. Tener mucha o muy buena memoria, cuando se reacciona principalmente con respuestas instintivas específicas, no debe ser de gran ayuda. Por lo tanto creemos que el valor funcional de la memoria depende de la importancia que tenga lo que se registra en ella para la resolución de una búsqueda.

Entonces es posible que: **A menor cantidad de respuestas instintivas específicas (RIE) mayor cantidad de respuestas inespecíficas, y que, a mayor cantidad de respuestas instintivas inespecíficas (RII), mayor sea la cantidad de memoria utilizada en el registro de recuerdos.**

Los extremos de esta relación estarán representados por los individuos que ejecutan su ciclo vital completo respondiendo sólo a respuestas instintivas específicas, los cuales carecerían de memoria adquirida. El lado opuesto en verdad no lo conocemos y no sabemos si es posible, puesto que el ser humano, que aparentemente es el que más usa su memoria adquirida, aún conserva muchas respuestas específicas, entre las cuales destacan las que sirven para generar las inespecíficas. Sin embargo esta podría ser una tendencia evolutiva en lo que a ellos respecta. Si esto fuese así, lo que estaría ocurriendo es que cada vez más somos dependientes de los valores de las sensaciones, por lo tanto estos deberían estar aumentando, es decir, cada vez más sensibles. Curiosamente, este es un ángulo de estudio que ignoramos si alguien lo ha abordado.

En todo caso, esté aumentando o no, las consecuencias de la mayor dependencia de las sensaciones, produce dos efectos muy distintos y probablemente contradictorios, puesto que por una parte la evaluación de las señales sensoriales nos permite probar alternativas de búsqueda para las cuales no tenemos respuestas específicas, con lo cual podremos "descubrir" posibilidades distintas y variadas para resolver una necesidad, y por otra parte "sabemos menos", justamente porque no conocemos a priori cual serán las decisiones que tomaremos y sus efectos. Lo primero ya lo hemos analizado antes, sin embargo lo segundo puede constituir una novedad. En efecto, en general todas las especies cumplen su ciclo vital "sabiendo" anticipadamente lo que tienen que hacer, ya que es poco o nada lo que tienen que evaluar para decidir, esto independientemente de que sea "bueno, regular o malo".

En la naturaleza "saber" es tener instrucciones que obedecer, aquellos organismos que obedecen exclusivamente a la RIE, saben todo lo que necesitan, no requieren más. Por el contrario mientras más dependientes de las instrucciones RII, menos sabrán las especies que se guíen por ellas, puesto que justamente para eso sirven, para evaluar y decidir en el momento en función de esa valoración (se dice que se sabe cuando se tienen respuestas).

Por poner un ejemplo (obtenido por el recuerdo y aprendizaje), un soldado es un individuo que ha recibido un intenso entrenamiento para reaccionar mecánicamente, en forma "casi instintiva", luego él no tiene mucho que pensar a la hora de ejecutar su trabajo, él lo hará con los ojos cerrados, como un sonámbulo si fuese necesario, luego sabe lo que tiene que hacer, al igual que los animales guiados por sus reacciones específicas, en cambio quienes tienen que decidir en función de sus sensaciones y recuerdos pueden optar, sin embargo, elegir una de entre muchas opciones anula todas las otras posibilidades, entonces ¿cuál elegir? ¿la que más nos guste? Paradojalmente quien le da las instrucciones al soldado no tiene certeza de que esas instrucciones sean las correctas, no lo sabe realmente (otra cosa muy distinta es lo que él crea). Siempre será más o menos posible predecir, en función de la experiencia, algunos resultados inmediatos, sin embargo las consecuencias a largo plazo siempre serán impredecibles.

Una vez más podemos hacer una relación directa entre un conocimiento popular y el que se extrae de nuestro análisis: La famosa frase de Sócrates "solo sé que no sé nada", tan corrientemente utilizada para referir la ignorancia, que se hace evidente cuanto más se aprende, tiene su justificación biológica justamente en el hecho de que al depender de sensaciones y recuerdos, no se sabe qué o cuántas alternativas se desencadenarán al hacer una elección o tomar una decisión, y la experiencia previa (puede ser el caso de Sócrates), podría indicarle que mientras más averigüe más alternativas encontrará.

*Cuantos más recuerdos (conocimiento) se tenga, más elementos habrá para tomar una decisión, sin embargo más difícil será realizarla si se lo quiere hacer con certeza, puesto que ello implicará conocerlas mejor en sus diferencias, lo cual demandará nuevos conocimientos que a su vez podrán mostrar nuevas posibilidades de elección. Por el contrario hacer una elección entre muy pocas alternativas siempre será más fácil, sobre todo si no son parecidas. Por último la decisión más simple es cuando no existen alternativas, los animales que se guían por respuestas específicas no tienen alternativas, en su caso, todo lo que pueden decidir es si ejecutan o no la única acción posible, y para ello dependen de la voluntad, que como dijimos antes será la mayor o menor urgencia de concretar una búsqueda. **Los seres humanos designamos como "voluntariosa" aquella conducta que demuestran algunas personas, cuando quieren hacer algo a pesar de no considerar adecuadamente las alternativas, es decir, por el sólo impulso de hacerlas, más allá de las consecuencias.***

En la naturaleza, los que tienen que elegir y decidir son quienes no saben, los cuales, tal vez aprenderán de la elección hecha, siempre y cuando la puedan recordar, ¿pero quién sabe cual es la correcta?, nadie ("echando a perder se aprende").

Es muy probable que no exista ninguna respuesta correcta en términos absolutos, es por ello que una buena solución hoy día puede transformarse en un desastre cien años más tarde. De hecho, las respuestas instintivas específicas tampoco garantizan el éxito y la supervivencia de todos los individuos, y ni siquiera de la especie (en la naturaleza no existen las respuestas ni las soluciones correctas, sólo causas y consecuencias). Lo vivo estará siempre en constante reorganización, acomodo y evolución, lo mismo que su entorno, lo que es válido para un individuo lo es para todos, así que todo lo vivo de hoy día no es exactamente igual a lo de ayer, y tampoco lo será respecto de mañana. Todo cambia (Heráclito).

Finalmente, todo recuerdo estará relacionado con todo aquello que el individuo de la especie requiera obtener del medio, con los sentidos que posea y, con la posibilidad de generar sensaciones en sus procesos de búsqueda. Luego toda memoria será funcional a la particular forma de vida de quien la posea, puesto que lo que ésta registrará serán los resultados de su experiencia de interactuar con el medio de acuerdo a su necesidades.

A continuación presentamos un esquema que muestra el proceso por medio del cual se adquieren y utilizan los recuerdos. Hemos representado los valores de sensaciones con unos pocos símbolos, sin embargo es posible que ellos sean miles o decenas de miles, con interrelaciones mucho más complejas. Luego hemos hecho la simplificación máxima.

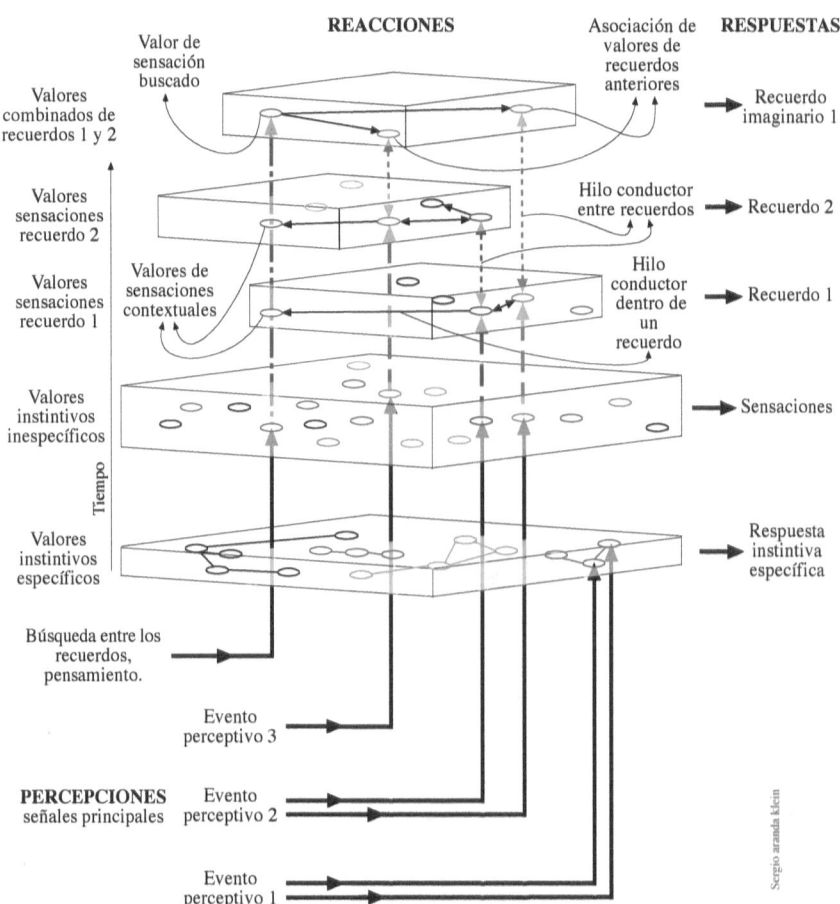

9. El aprendizaje

El aprendizaje es el resultado del proceso mental de utilizar los recuerdos como elementos de referencia en la resolución de una nueva búsqueda. El aprendizaje se parece mucho al proceso de recordar, sin embargo la pequeña y a la vez enorme diferencia es que el acto de recordar, por sí mismo no tiene ninguna utilidad si no se usa para algo, si no tiene intencionalidad. Recordar sin ningún propósito no es aprendizaje, es simplemente recordar.

El personaje de **Jorge Luis Borges**, "Funes el memorioso", ilustra muy bien la gran distancia entre simplemente recordar y aprender. Una memoria prodigiosa que sea capaz de registrarlo todo, pero que sin embargo no utilice esos recuerdos para ejecutar alguna búsqueda, resolver un problema u obtener alguna conclusión, será inútil como aprendizaje. Debemos recordar (nosotros ahora) que se aprende cuando se usa el conocimiento adquirido. Los sistemas artificiales que poseen gran cantidad de datos constituirán simple almacenamiento si son incapaces por ellos mismos de utilizar esa "información", y si ésta es empleada por otras personas, serán ellas las que estarán aprendiendo, no el sistema, que en ese caso actuará como una herramienta de quien la use. Los sistemas artificiales podrían llegar a tener verdadero "interés", si en su arquitectura básica tuviesen grabadas las instrucciones para ejecutar búsquedas incondicionales (equivalentes a los requerimientos de primer nivel), poseyeran además la capacidad de activar mecanismos propios para ejecutarlas y por último, contaran con las instrucciones para reaccionar a todos los elementos del medio que fuesen capaces de percibir (debemos insistir en que el entorno siempre será percibido en la totalidad que permitan los sentidos, y lo descartado como objetivo de atención, lo será por la ausencia de valores de reacción a esa percepción). Si todas estas condiciones se dieran y en el proceso se crearan recuerdos, entonces éstos deberían formar parte de un segundo nivel de instrucciones, **que sin modificar la estructura inicial de las primeras**, le ayudará en forma sucesiva a conseguir mejores resultados.

Recordar y aprender son efectos sucesivos de un mismo proceso, se puede recordar y no aprender, pero será imposible el aprendizaje sin los recuerdos. Hasta aquí, todos los procesos que hemos visto pueden iniciarse desde cero durante el desarrollo evolutivo de diversas especies y adquirir relevancia en la medida que algunas de ellas los van utilizando en grado creciente. **Lo realmente constante es, la existencia de las funciones metabólicas, las búsquedas que se desencadenan como expresión de su funcionamiento y la capacidad de realizarlas. Esta podría ser la "trinidad" biológica,** cada una dependiente de la anterior y a su vez todas interdependientes. Estas funciones podrán cambiar la forma en que operan en distintos organismos pero nunca dejaran de existir.

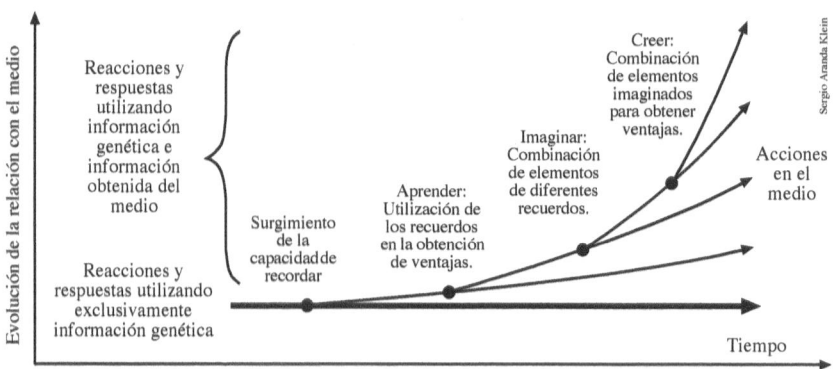

Así como hemos visto que algunas especies podrían producir sensaciones como respuestas y sin embargo no por ello recordarlas, también podrán haber algunas que teniendo la capacidad de recordar no utilicen esos recuerdos para aprender de igual manera. Habrán tantos grados de aprendizaje como necesidades puedan ser cubiertas por ellos (los propios seres humanos no aprenden, ni necesitan hacerlo, de igual manera).

Tal vez los loros puedan repetir palabras, sin embargo no utilizarán su evidente y reconocida capacidad de recordar, para aprender a ejecutar muchas búsquedas útiles, esto es, suponiendo que pedir galletas sea efectivamente el resultado útil de asociar el recuerdo de la palabra (conjunto de sonidos), con la acción de obtener las galletas. Por otro lado,

¿qué utilidad podría representarles silbar o piropear a las chicas bonitas? Quizás sí el aprecio del dueño, después de todo si puede recordar, entonces debe ser capaz primero de percibir algunas sensaciones, como las de afecto por parte de aquél. ¿Será lo mismo con las gallinas?

Hemos visto como la adquisición inicial de recuerdos es el resultado de un proceso instintivo, inconsciente. Puesto que como hemos afirmado, es la activación de las sensaciones, cuyos valores también son instintivos, lo que permitirá su construcción. Por otra parte la recuperación de estos recuerdos podrá ser igualmente instintiva si ella ocurre por la simple y casual coincidencia entre los valores de aquellos, con los percibidos en una situación actual. Recordar en estas circunstancias constituye un proceso inconsciente, puesto que en el acto de asociarlos no ha habido ninguna búsqueda entre los recuerdos memorizados, no se ha pensado. Las coincidencias en estas condiciones no tienen por qué ser útiles. Recordar las flores del jardín de la infancia, al sentir un aroma, no servirá de mucho. Por el contrario, recordar como se queman las cosas al percibir el olor del humo, podría ser de gran utilidad, si es que ello nos mueve a tratar de evitar la propagación del fuego (la sola asociación no significa que intentaremos apagarlo o escapar, en ese caso tampoco sería muy útil recordarlo). A pesar de que los delfines pueden ejecutar espectaculares saltos, no los emplean para escapar de las redes de pesca industrial cuando han quedado atrapados en ellas, siendo que de esa forma les sería muy fácil hacerlo.

Recordar en su forma más simple cumplirá un papel muy similar al de las RIE. Ante la percepción de una situación podrá activarse un recuerdo sin tener que pensar, es decir, sin hacer ninguna búsqueda ni mayor comparación entre los almacenados en la memoria, simplemente se activará ante la coincidencia con valores recordados, por decirlo de otro modo, espontáneamente. La misma espontaneidad con que nosotros, los seres humanos, hacemos muchas asociaciones casuales entre cosas que percibimos con otras que recordamos. La **mínima** utilización de la memoria corresponderá entonces al recuerdo "automático" de unos pocos valores sensoriales obtenidos de algunas percepciones. Probablemente este sea el uso de la memoria más difundida entre aquellas especies que viven un período de aprendizaje supervisado, durante el cual los individuos jóvenes pueden explorar y determinar qué cosas del medio son buenas y cuáles dañinas, sin que ello implique ninguna observación mayor, ni requiera de gran cantidad de valores intermedios para las sensaciones, puesto que es posible que estos representen estados como, "me gusta, me es indiferente, me asusta*, o no me gusta", los cuales en muchos casos serán suficientes para hacer una buena elección.

Los bebés humanos aprenderán en la medida que logren recordar la sucesión de eventos previos a la satisfacción de un requerimiento, que en principio será el hambre y luego el placer de las caricias y los mimos, para utilizarlos más tarde en la formación de conductas frente a la percepción de las sensaciones anteriores a la manifestación evidente de nuevos requerimientos similares. Cuando esta asociación ocurra diremos que ha aprendido.

El aprendizaje es un proceso creciente tanto en la escala evolutiva como en el desarrollo particular del individuo. Evolutivamente dependerá, de la variedad de elementos a los cuales los individuos de la especie puedan responder con sensaciones, de su capacidad de almacenar y recuperar estas respuestas desde una memoria, y por último de la forma en que utilicen los recuerdos así formados. Definitivamente pueden ser muchas las combinaciones. Sostenemos que cada una de estas funciones aparecieron gradualmente, puesto que esa gradualidad se ve reflejada actualmente, en la variedad de especies que las utilizan en distintos niveles.

Por otra parte, el aprendizaje individual dependerá de la cantidad de experiencias propias y de la forma en que se utilicen para lograr mejores resultados en las búsquedas.

---

* Es posible que el miedo corresponda a valores de sensación producidos por variadas combinaciones de percepciones, las cuales serán descubiertas cuando se produzcan, al igual como ocurre con cualquier otra sensación, y al igual que aquellas, éstas también podrán ser recordadas. Es muy probable que, en las conductas de defensa instintiva de las especies que se rigen exclusiva o mayoritariamente por las RIE, no intervenga ninguna sensación de miedo como las conocemos nosotros y las otras especies que recuerdan y aprenden.

En el siguiente esquema mostramos las alternativas que puede seguir una instrucción de búsqueda, de acuerdo con los niveles de recuerdo y aprendizaje que puede alcanzar la especie, dada su particular configuración RII-Memoria. En todos los casos, el nivel máximo corresponde a un potencial de respuesta que podrá ser utilizado o no en una búsqueda particular. Este potencial determinará el limite superior para una respuesta elaborada, sin embargo, todas las especies seguirán utilizando alternativa o simultáneamente todas las respuestas inferiores a su potencial. En otras palabras, el hecho de que los seres humanos podamos construir recuerdos imaginarios para hallar soluciones de búsqueda, no significará que siempre lo hagamos, por el contrario constantemente estaremos utilizando respuestas que abarcarán todas las posibilidades partiendo desde el nivel inferior.

El potencial de respuestas dependerá no sólo de el grado de evolución de la especie respecto de la capacidad de generar recuerdos y utilizarlos, sino que también del desarrollo y madurez de los individuos.

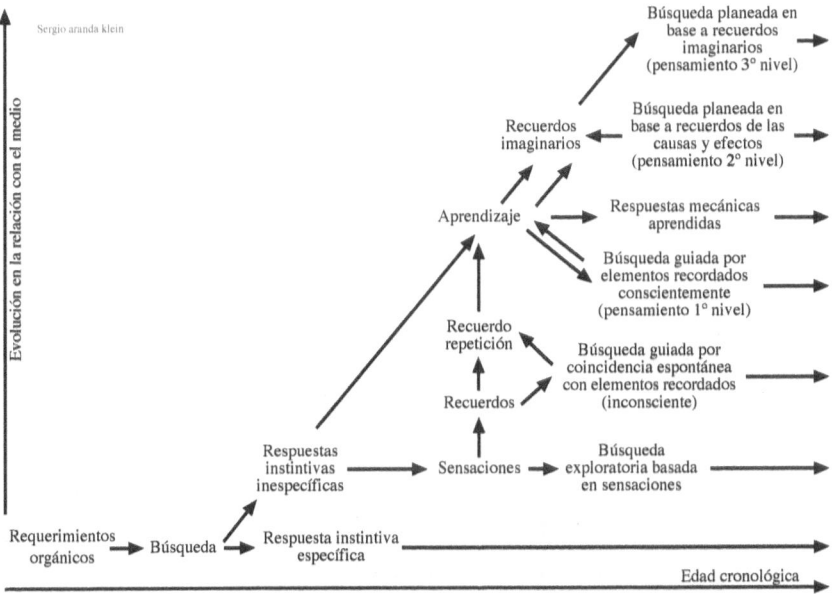

El aprendizaje consciente es aquel que se produce cuando, para la concreción de un objetivo, se utiliza un recuerdo registrado

en la memoria que ha sido hallado mediante una búsqueda consciente entre los que ella contiene. En otras palabras, son los recuerdos a los cuales accedemos mediante el pensamiento, no ya la simple coincidencia espontánea. Si bien todo proceso de pensamiento
es consciente, puesto que según nuestra propia definición debe necesariamente haber una búsqueda entre los recuerdos, no siempre
será la manifestación de una necesidad de primer orden, ni el deseo
del yo inorgánico de satisfacer un gusto, el que dé origen al proceso
de pensar. En este caso quien iniciará el proceso será justamente la
manifestación del aprendizaje inconsciente, es decir, la coincidencia
de valores espontánea, la que luego de ocurrida será conducida por
el yo inorgánico en el seguimiento de la ubicación de esos valores
a través de diferentes recuerdos mediante el hilo conductor. Es posible que sea justamente este fenómeno el que logre hacer la unión
de una acción puramente instintiva como es el aprendizaje inconsciente, (percepción subliminal) con el consciente.

Tal vez resulte contradictorio, sin embargo la cantidad de
recuerdos contenidos en la memoria humana es tan grande, que
asociaciones hechas inconscientemente, por la percepción casual de
elementos de contexto en los cuales no se ha puesto ninguna atención y que son percibidos al pasar, pueden desencadenar búsquedas
conscientes entre los recuerdos contenidos en la memoria sin perse-
guir ningún fin específico. La expresión "…iba por ahí y de repente
me puse a pensar en ….", es trivial y es precisamente un ejemplo del
fenómeno que describimos, es decir, aquel en que una percepción
produce una coincidencia entre valores recordados y percibidos, que
correspondan a sensaciones de muy baja intensidad, los cuales por sí
mismos son incapaces de generar atención, pero que por otra parte,
sí podrían resultar suficientes para iniciar indirectamente búsquedas conscientes, puesto que un elemento contextual cualquiera puede estar unido a uno o muchos otros elementos centrales que sí son
significativos dentro de algún recuerdo. Otra frase que reproduce
muy bien esta situación es la siguiente, ".. no se por qué me puse a
pensar en eso…". En este caso lo que se desconoce, o no se recuerda,
tal vez por ser justamente resultado de una relación inconsciente, es

la causa que motiva el pensamiento, sin embargo el acto mismo de pensar, así como los demás elementos que siguen el hilo conductor en el proceso, son perfectamente recordados y expresados por el yo inorgánico. Siempre el que habla es el yo inorgánico, puesto que para hacerlo debe recordar las palabras y la forma de emitirlas. La búsqueda y elección de ellas siempre será un acto consciente, salvo, cuando esas palabras hayan sido incorporadas como respuestas mecánicas aprendidas, "you know".

Al hablar de aprendizaje consciente hay que tener en cuenta que las variables que influirán, a pesar de no ser muchas, sí tienen la posibilidad de combinarse en numerosas configuraciones. La cantidad de sensaciones, el número de valores intermedios de cada una de ellas, la capacidad de la memoria, la forma y lugar (importancia) en que quedará registrará en la memoria, la cantidad de elementos contextuales asociados a un proceso de percepción, que sin generar sensaciones quedan ligados en el evento perceptivo, etc.

El aprendizaje es en verdad un efecto, un resultado, ya sea inconsciente o consciente, no es simplemente recordar, pues como vimos, recordar no es aprender. Se aprende cuando se utiliza un recuerdo en una solución, no cuando se lo trae a tiempo presente por o para nada. Se ha aprendido cuando se ha podido establecer una relación entre lo memorizado y lo percibido en una situación actual tal que es posible usar el contenido de ese recuerdo. Se produce entonces el proceso de aprendizaje en el acto en que se establece la relación entre lo percibido y lo que, con anterioridad, se había recordado. Debemos hacer notar (una vez más) que la capacidad de aprender forma parte del total de facultades de las cuales dispone el organismo para obtener lo que requiere. Los delfines no han aprendido a usar sus saltos para escapar, al menos, no de las redes. (si ellos aprenden a repetir las instrucciones que les dan, es a cambio de la recompensa, no porque entiendan lo que los seres humanos persiguen con el entrenamiento. Muchos seres humanos son incapaces de entender lo que otros seres humanos les dicen, incluso en su mismo idioma. Cuando un alumno repite automáticamente, está simplemente recordando cual es la respuesta ante tal situación. El por sí mismo no ha hecho todas las asociaciones entre todos los recuerdos necesarios para reproducir por si mismo el proceso mental de búsqueda cuyo producto final será el resultado, él simplemente estará recordando la conclusión al margen del proceso.

Finalmente, el aprendizaje consciente, es aquel que utilizamos corrientemente para resolver la mayor parte de nuestras búsquedas (y nuestros problemas). Cada vez que logramos recordar lo que necesitamos el aprendizaje se hace evidente, se manifiesta. Por el contrario, si no podemos recordar significa que habremos olvidado la relación y si no la podemos usar, entonces, el supuesto aprendizaje no es tal (no al menos en ese momento). Es muy importante darse cuenta que el aprendizaje no es algo que se posee, que está, el aprendizaje es el resultado de un proceso, no el proceso mismo. Aunque en este mismo trabajo nos hemos referido al aprendizaje como un todo, ello lo hemos hecho en razón de una explicación más simple, en la que unimos sus elementos bajo una misma denominación, es decir, juntamos la causa, recordar, con el efecto, usar el recuerdo en una situación útil, toda vez que la unión de causa y efecto deberá probarse en cada situación diferente, lo aprendido no es el resultado de una relación permanente, inmutable, por el contrario el aprendizaje deberá ser probado cada vez, lo que se sabe hoy se puede olvidar mañana. ¿Quizás qué ocurriría si nunca olvidáramos? Puesto que olvidar es una buena solución para resolver múltiples problemas, sobre todo los relacionados con la frustración o la imposibilidad de concretar una búsqueda.

Contrariamente a lo que se piensa comúnmente, el olvido es parte del funcionamiento natural de nuestro sistema cerebral, el cual es indispensable, entre otras cosas, para superar las situaciones traumáticas. Aquellas personas que se afanan en mantener vivo un recuerdo, difícilmente superarán el trauma.

Aprender es el resultado de una combinación de funciones biológicas, si en un momento determinado ciertos recuerdos son necesarios para sortear una situación de vida o muerte y resulta que los olvidamos, entonces ¿qué efecto práctico tendría decir, sí, sabía pero lo olvidé? (cruzar desprevenidamente la calle sin advertir el tráfico podría ser un olvido fatal).

Resulta muy evidente que el aprendizaje es sólo un efecto y por añadidura temporal, sin embargo tenemos la costumbre de hablar de lo aprendido como algo permanente, si acaso, lo relativamente permanente son los recuerdos. No obstante todo el mundo puede olvidar. Lo aprendido se olvida porque se deja de usar, porque nos ponemos viejos, porque no nos interesa, etc. Todo es posible olvidarlo, incluso los movimientos mecánicos aprendidos que justamente se adquieren a través del aprendizaje consciente. De nada le vale a un estudiante reclamar que sí sabía pero que en el momento justo lo olvidó, lo mismo para cualquier persona que se disculpa diciendo "no me acordé, lo siento". Cuando las personas dicen, "lo tengo en la punta de la lengua", es que están forzando una búsqueda entre sus recuerdos para tratar de obtener algo, y cuando dicen "ya me acordaré" apuestan a que algo, cualquier cosa del entorno, les permitirá hacer la conexión con lo que se busca, justamente esa es una forma de esperar que ocurra una relación inconsciente para tratar de hallar un recuerdo que se busca conscientemente. Cuántas veces en este último caso nos pondremos a observar nuestro entorno en la esperanza de que algún elemento active, al menos, una parte de un recuerdo donde sabemos (o creemos saber) que está lo que necesitamos y cuántas otras repasamos innumerables veces el recuerdo de un evento sin hallar, casual y precisamente lo que buscamos. Tal vez esto último se deba a que justamente lo buscado no está en ese recuerdo. La búsqueda en la memoria es muy parecida a la que hacemos en el mundo real, a veces insistiremos decenas de veces revolviendo el mismo sitio en circunstancias que lo perseguido nunca estuvo allí.

Usar la memoria para recordar y aprender es el resultado de un proceso evolutivo que hemos utilizado con absoluta ignorancia de su origen, de sus posibilidades y limitaciones, simplemente lo usamos como nos resulte. Nosotros. al igual que cualquier otro individuo de otra especie, empleamos lo que tenemos, contamos con ello con absoluta prescindencia de entendimiento alguno, respiramos porque respiramos, nuestro corazón late sin nuestro permiso ni complacencia, y de igual modo pensamos, en un acto que biológicamente no es muy distinto de los anteriores. Por supuesto que a nosotros eso no es lo que nos parece. Todo lo contrario, creemos que pensar es otra cosa, que es especial, sin embargo no lo es, es el resultado de un proceso biológico más.

Por muy extraordinaria que sea la capacidad de utilizar los recuerdos en la búsqueda de soluciones a nuestros requerimientos, ya sean reales (los de primer orden), instintivos o aprendidos (de segundo orden y de tercer orden), o ficticios (que más adelante veremos y que corresponden a los de cuarto orden), resulta que no es tanto ni son tan eficientes como cabría esperar. Hemos visto como muchos de nuestros actos de "pensamiento" son causados por asociaciones inconscientes o **"subliminales"** que no controlamos, por otra parte olvidamos mucho más de lo que recordamos, y por último no siempre recordaremos lo que más necesitamos. En otras palabras, si bien somos una especie que se ha especializado en el uso del aprendizaje como medio de adaptación, "no hemos logrado genéticamente aún un uso realmente eficiente* de su potencial".

---

*Estos juicios de valor que he hecho acerca de la calidad y el estado de nuestras capacidades respecto de su origen genético y de nuestra actuación como especie, corresponden a una licencia que me he dado, en virtud de pertenecer a esta especie que tiene la capacidad de evaluar, comprender y ¿juzgar? cuál es nuestra posición en la naturaleza. Puesto que si bien los fenómenos naturales no obedecen a ningún plan, sino que son el resultado de las fuerzas que operan en ella, y desde ese punto de vista nada es bueno, regular, malo o insuficiente, sino que simplemente es, nuestra posición privilegiada como especie, que puede contemplar la operación de estos fenómenos e incluso comprenderlos, nos da de hecho la posibilidad de influir sobre ellos conscientemente de modos cuyas consecuencias son insospechadas. Es en este contexto que entiendo nuestra responsabilidad con nosotros mismos y nuestro hábitat, responsabilidad que por supuesto nadie nos ha dado, simplemente nace de nuestra propia inquietud y la podemos asumir o no. Si los individuos de nuestra especie actuaran como los de cualquier otra, reproduciéndose y cumpliendo su ciclo vital sin reparar más que en su propia existencia, y si, por condiciones medioambientales tales individuos se reprodujeran de modo que acabaran con algunos o muchos ecosistemas, entonces las extinciones que ellos pudiesen provocar serían inevitables e irremediables, la naturaleza seguiría operando tal cual lo ha hecho

(Continúa en página siguiente)

Es muy probable que otras especies sean capaces de utilizar con mucha más eficiencia unos pocos recuerdos adquiridos tanto de forma inconsciente como consciente. En el caso de los seres humanos la singularidad como especie está dada por la capacidad de generar y almacenar gran cantidad de recuerdos y poder recuperarlos con bastante facilidad, aunque sólo sea parcialmente, esto hace que estemos la mayor parte del tiempo recordando y eventualmente haciendo asociaciones entre ellos, es decir, pensando, puesto que si nuestros recuerdos fuesen precisos no necesitaríamos revisarlos y contrastarlos constantemente. De este continuo evaluar percepciones y recuerdos, es que surge de manera consecuente nuestra conciencia y nuestro yo inorgánico. Luego nuestra singularidad como especie es el resultado de combinar diferentes factores, que por sí solos podrían constituir más un problema que una ventaja, pero, que al operar simultáneamente producen un efecto del cual emerge un potencial de conducta que es el nos abre la puerta a la comprensión de nuestro entorno.

Si de algún modo quisiéramos caracterizar el estado evolutivo de nuestra especie, podríamos decir que estamos en la adolescencia, es decir, hemos descubierto que podemos hacer cosas con el pensamiento sin comprender cómo o por qué pensamos, y al igual que los adolescentes que carecen de experiencia previa y por lo tanto desconocen las consecuencias de sus actos, los seres humanos como individuos y como especie estamos estirando el cordel, al hacer uso y abuso de nuestras capacidades sobre otros seres humanos y sobre

---

desde siempre, curiosamente sin intervenir, puesto que los equilibrios alterados se restablecen gracias a las fuerzas de las que hablamos. En la naturaleza no existen las especies privilegiadas, tal vez sólo las afortunadas de haber evolucionado de un modo y no de otro. El privilegio es una posibilidad humana, nosotros como especie hemos aprendido a obtenerlo a costa de someter a otros. Sin embargo. este es un arma de doble filo, puesto que alguien siempre tiene que pagar por el o los excesos que conlleva. (de algún modo todo privilegio implica un aumento en el desequilibrio de cualquier sistema) Los seres humanos tenemos la capacidad de decidir cuanto estamos dispuestos a pagar por ellos y los excesos que queramos darnos, puesto que sin duda alguna una cuenta habrá que pagar. Tal vez no le toque a esta generación ni a la siguiente, pero irremediablemente alguien tendrá que hacerlo.

la naturaleza. El aprendizaje de los adolescentes normalmente es duro, sobre todo cuando han excedido los limites de sus capacidades y del control sobre de ellas, esperemos que la especie humana en su conjunto no tenga que pasar por lo mismo.

Los antepasados del linaje humano deben haber hecho uso de la capacidad de aprender sin haber reparado en ella, simplemente utilizaron el recurso como uno más, tal como hacen todas las especies que explotan sus habilidades sin cuestionarse ni su origen ni sus posibilidades fuera del contexto en que se desarrollan y sirven para lograr el propósito de la supervivencia.

El aprendizaje comienza en todo individuo sin saber que está aprendiendo, sólo ocurre, la madre protege y enseña a su hijo porque así está programada genéticamente para hacerlo. Es con el surgimiento gradual del nivel de conciencia y desarrollo del yo inorgánico que es posible comenzar a hacerse preguntas, tal cual nos las hacemos nosotros cada día, sin que ello signifique necesariamente que buscaremos una respuesta. La búsqueda de respuestas a estas preguntas internas, acerca de la relación entre uno mismo y el medio, deben haber ido aflorando lentamente a lo largo de la evolución, de modo análogo a como ocurre con todo individuo que en el camino a la adolescencia comienza a cuestionarse las causas de su existencia y de las cosas que le rodean. Estas problemáticas que llamamos existenciales son las que evidencian la aparición y resistencia del yo inorgánico, respecto de lo ineluctable de los procesos asociados a la vida misma representado por el yo orgánico. **La exteriorización de la contradicción y conflicto entre ambos "yo" ha sido sin duda alguna el acto original**, sin embargo ello no necesariamente debe haber significado una revolución, puesto que de haber sido así, ocurrió de modo tan gradual, que tienen que haber coexistido durante mucho tiempo individuos que manifestaban su interés por buscar más allá de lo acostumbrado, con aquellos a los que estos arranques de originalidad les deben haber sorprendido y extrañado.

De hecho no todos los seres humanos actuales manifiestan la necesidad de encontrar respuestas a sus dudas existenciales del mismo modo. Es altamente probable que una gran mayoría sea conducida en forma relativamente pasiva por un pequeño grupo quienes son realmente los buscadores de las respuestas, entre quienes están los pensadores y creadores.

En consecuencia es el interés que despierta el yo inorgánico por buscar satisfacer sensaciones y gustos, el que debe haber motivado una observación distinta de la naturaleza para encontrar nuevas formas de lograr hacer lo mismo de modo diferente, puesto que de eso es lo que trata en definitiva el progreso social humano, conseguir lo mismo en términos nominales, de maneras más seguras, abundantes, eficientes, cómodas, o agradables (en unos pocos casos, incluso más "justas"). Los seres humanos no hemos evolucionado ni un ápice como especie en los últimos cientos de miles de años, como producto del desarrollo y mantención de relaciones sociales complejas, no nos hemos transformado a nosotros mismos, ni hemos inventado nuevas capacidades ni funciones orgánicas, tampoco hemos alterado las que tenemos, sólo hemos cambiado significativamente el entorno y la forma de obtener lo que necesitamos y lo que queremos. Simplemente hemos hecho uso muy lentamente de la capacidad de aprender.

El camino de aplicar la habilidad de aprender para aprovechar las consecuencias de los fenómenos observados y anticiparlos para obtener ventajas, supone algún grado de organización. Si el aprendizaje es inconsciente, esta organización podrá darse de modo espontáneo (instintivo) en la medida que todos los individuos del grupo reaccionen del mismo modo, lo cual puede perfectamente ocurrir si los recuerdos que la especie puede registrar están asociados a un numero reducido y específico de fenómenos, es decir, si su capacidad de memorizar y recordar está enfocada sobre algunos aspectos u objetivos de sus búsquedas. Este podría ser el caso de las conductas de los animales que pudiendo vivir en solitario eventualmente pueden organizarse en manadas para conseguir objetivos puntuales. Es evidente que si todos los individuos de un grupo tienen la capacidad de reaccionar igual o muy parecido ante una percepción, la comunicación entre ellos será mínima o innecesaria, puesto que de acuerdo a sus posiciones relativas todos sabrán instintivamente que hacer. Esto mismo se logra en los seres humanos como resultado de un intenso entrenamiento en el que un conjunto de individuos aprenden como responder en grupo e individualmente ante una misma observación, que es el caso por ejemplo, de los equipos deportivos, los grupos de combate, etc. Lo interesante es que este entrenamiento, como cualquier otro similar, busca crear conductas mecánicas aprendidas, semejantes a las de las especies que, o piensan poco, o definitivamente no lo hacen (para marchar en formación no hay que pensar, hay que mantener la distancia, tal cual indica el sargento).

Es muy probable que los animales que se desplazan en formaciones cerradas, ya sean cardúmenes, bandadas o manadas, lo hagan manteniendo instintivamente una posición relativa respecto a sus más inmediatos compañeros sin que ello implique necesariamente que deban tener alguna comprensión de lo que hace el conjunto.

La comunicación se vuelve indispensable cuando los individuos no saben que es lo que hará el otro. Puesto que si las percepciones son interpretadas de igual modo, entonces todos sabrán lo mismo, no es necesario preguntar, ¿viste eso?, ¿qué te pareció?, ¿qué opinas? Sin embargo cuando lo recordado no es fruto de la coincidencia inconsciente, sino que del proceso de pensar, cada individuo podrá acceder a recuerdos diferentes. Nadie entonces podrá predecir que pensará el otro, como actuará. (Por supuesto que perteneciendo todos los individuos a la misma especie, y tratándose de un mismo contexto, es posible que los distintos pensamientos puedan ser variaciones de un mismo tema, que no difieran demasiado entre unos y otros).

Luego, la organización de individuos que actúan de acuerdo a la evaluación de sus recuerdos conscientes, es decir que piensan, necesariamente requerirá de una comunicación que implique conocer como lo hace cada uno de ellos. De lo contrario no podrán coordinar las acciones creadas individualmente como consecuencia del proceso de aprendizaje. De esto podemos establecer la siguiente relación: **A mayor dependencia del aprendizaje consciente para la subsistencia, mayor capacidad de comunicación será necesaria para actuar en grupos organizados.** Hay que recalcar que esta actuación conjunta a la que nos referimos no es la que de un modo u otro está en la memoria genética, sino a la que crea fruto del pensamiento, es decir, es el resultado de compartir respuestas individuales aprendidas.

En el transcurso de la evolución de la capacidad de usar recuerdos conscientes y comunicar lo que se pensaba, la organización debió establecerse en forma permanente, sobre todo si las condiciones medioambientales de algún modo forzaron a las comunidades a buscar en conjunto las formas de obtener lo requerido. Esto resulta evidente por dos razones, primero porque cualquier método de comunicación desarrollado operaría dentro del entorno de una misma comunidad, toda vez que el lenguaje humano en cualquier nivel útil para comunicar pensamientos no es instintivo, y segundo, la capacidad de explotar y desarrollar el aprendizaje eficientemente sólo puede hacerse en el contexto de un trabajo de equipo, puesto que de nada le sirve a un solo individuo dedicarse a preparar piedras para usarlas el mismo como armas, ya que ni lograría efectividad ni heredaría el "know how", el cual por ser fruto del pensamiento es principalmente individual.

En esta teoría no existe nada parecido a respaldar una hipótesis que plantee que el uso de las manos y la posición erguida tuvieran algo que ver con el desarrollo de la capacidad de pensar, puesto que como hemos visto aquí, ella obedece a otras circunstancias muy diferentes.

En este contexto de creciente utilización del aprendizaje para la obtención de recursos, la educación y sus contenidos surge como un fenómeno tan gradual y natural como el proceso mismo de adquisición de recuerdos. En efecto, si hasta antes del surgimiento del aprendizaje, como mecanismo más o menos sistemático para obtener lo necesario para vivir, ya existía el proceso de crianza propio de todos los mamíferos, entonces la educación o transmisión de los conocimientos (experiencias) obtenidos por la comunidad, no constituye nada más que una proyección de ese mismo proceso, el cuál no es muy diferente del que las madres emplean actualmente. Sin embargo el desarrollo de la educación como actividad independiente de la crianza, debe haberse iniciado cuando la acumulación de experiencias individuales asumidas por la comunidad superó lo que un solo individuo podía recordar y o transmitir.

Volviendo a hacer el paralelo con la actualidad, resulta que los niveles educacionales son más, o más complejos, en aquellas sociedades que son productoras de tecnología e investigación. Su contraparte son las comunidades rurales más pobres del tercer mundo, donde la escolaridad es mucho menor y donde mucho del conocimiento que los individuos obtienen no tiene que ver con el desarrollo de tecnologías propias de producción o supervivencia, sino que dicho conocimiento estará más bien enfocado al consumo de tecnologías foráneas y a la reproducción de sus tradiciones culturales, las cuales muchas veces se constituirán de hecho en limitaciones para el desarrollo propio. Por ejemplo, las comunidades que mantienen culturas basadas en preceptos religiosos dedican enormes cantidades de tiempo al "estudio" de textos sagrados y a la observación de sus ritos, sin embargo su subsistencia en muchos casos es muy precaria. Hemos visto que el aprendizaje "sirve" cuando se emplea en utilizar los recursos para la subsistencia, tal cual hicieron nuestros lejanos ancestros con el desarrollo de tecnologías simples, e igual que hacen el resto de las especies que aprenden (a riesgo de sonar hereje debo concluir que la contemplación no es útil para la sobrevivencia del conjunto de la comunidad, sino que sólo para los contempladores que son mantenidos, ellos resultan ser los beneficiados objetivos directos).

Es muy posible que desde el comienzo (si es que puede decirse que haya uno realmente) de la dependencia del aprendizaje para obtener la subsistencia, la educación ha servido en lo fundamental para conseguir dos objetivos. Primero, transmitir a los integrantes de las nuevas generaciones, los hábitos, costumbres y creencias de la comunidad, es decir, la reproducción de la cultura local. Y en segundo lugar, para preparar y entrenar a esos individuos en el conocimiento de las técnicas productivas utilizadas por la misma.

Resulta evidente que si una sociedad subsiste de la obtención de productos básicos o de materias primas, obtenidos mediante el uso de técnicas simples, la cantidad de conocimientos que requieran quienes se dedicaran a reproducir ese esquema no deberán ser demasiados. Hoy en día, mucho del conocimiento global que adquieren estas comunidades lo es más para hacerlos consumidores de otros productos y servicios que para integrarlos a la comprensión y producción de los mismos.

10. Los recuerdos imaginarios

Los recuerdos imaginarios son todos aquellos que han sido construidos mediante el proceso de pensar y sobre la base de combinar diferentes elementos de distintos recuerdos.

Hemos visto como la especie humana es dependiente de los recuerdos y del aprendizaje para encontrar formas de adaptación al medio ambiente. Pues bien en estas circunstancias nuestra capacidad para almacenarlos resulta indispensable y de hecho sabemos que nuestro cerebro es proporcionalmente mayor que el de todas las especies, así pues lo que cabe esperar es que nuestra memoria sea muy eficiente.

Sin embargo, nuestra principal ventaja evolutiva, la de producir gran variedad de sensaciones frente a los elementos del entorno, se transformará en un inconveniente a la hora de construir recuerdos fieles de ello, puesto que así como podemos centrar nuestra atención a una gama muy amplia de objetos, también podremos cambiar fácil y rápidamente el foco de nuestra atención. Muchos eventos perceptivos estarán compuestos por múltiples puntos de interés, no obstante, al describir el trayecto invariablemente se priorizará por aquello que haya producido las sensaciones más intensas, independientemente de su utilidad en el resultado final de la búsqueda y serán esas las que quedarán finalmente asociadas como las referencias principales. Este sesgo tan importante se produce de manera instintiva por la vía de almacenar aquellas respuestas a las percepciones que sean significativas desde el punto de vista de las sensaciones. Así que no podremos hablar de buena memoria en general sino de una memoria eficiente respecto de determinadas percepciones. Los ejemplos de esta conducta son triviales y cotidianos, basta preguntarle a un niño qué fue lo que más le gustó de un paseo, cuestión que todos los padres invariablemente hacen. Sin embargo lo mismo ocurre con los adultos cuando describen una situación en la que han estado presentes. De un grupo de personas que sean testigos de un mismo acontecimiento, habrán tantas interpretaciones como observadores, puesto que las sensaciones percibidas por cada persona serán distintas. La búsqueda en este caso consiste en el seguimiento del trayecto de cualquier cosa que observemos con atención. Por poner un ejemplo cualquiera, al ver una película nuestra búsqueda consistirá en seguir la secuencia de la trama hasta obtener el desenlace de ella, conseguir un resultado, que en este caso puede ser la satisfacción de presenciar una historia que nos guste.

Es posible que la relación entre la memoria y la capacidad de percibir sensaciones pueda establecerse de la siguiente manera: **A mayor cantidad de sensaciones perceptibles (tanto en variedad como en intensidad) más selectivo será lo que se recuerde.**

Pues bien, cada vez que nos sea imposible reproducir exactamente lo percibido, lo que lograremos al tratar de recordar será una reconstrucción aproximada de lo original, una adaptación que la mayor parte de las veces bastará para cumplir el propósito de su empleo. Sin embargo en muchas otras ocasiones el recuerdo implicará una modificación lo suficientemente importante del evento, como para que se parezca poco o nada a lo inicialmente percibido. Sobre todo cuando se trate de describirlo. Porque una cosa es reconocer algo que hemos visto muchas veces, al mirarlo nuevamente y, otra muy distinta, es describirla en su ausencia. ¿Cuántos de nosotros podríamos individualizar "de memoria" a las personas que conocemos bien, digamos, con más de quince rasgos precisos? La mayor parte de los seres humanos recordaremos sin problemas aquello con lo que trabajemos, con lo que sea importante para nuestra supervivencia, puesto que justamente de eso se trata el aprendizaje, de poder memorizar lo que es útil transformando los movimientos implicados en esas acciones, en movimientos mecánicos aprendidos, los cuales abarcarán hasta el habla. Puesto que cada letra, cada palabra con sus correspondientes sonidos serán adquiridas y memorizadas mediante el proceso de repetirlas una y otra vez hasta convertirlas en movimientos mecánicos aprendidos, lo mismo ocurrirá con muchas frases, ¿es qué acaso podría ser de otra forma? Esto es tan evidente que muchas veces diremos en forma tan automática alguna expresiones que terminaremos disculpándonos, "lo dije sin pensar", "disculpa, se me salió", "no fue eso lo que quise decir", etc. Las frases que motivarán estas disculpas estarán en nuestra mente, las habremos pensado muchas veces, tantas que terminaremos por decirlas sin que, a veces, sea nuestra intención. Tal como ocurre con las muletillas, las cuales repetiremos una y otra vez de forma mecánica.

El hecho de reconocer inmediatamente un lugar cuando lo estamos observando, y luego asociarlo y compararlo con los recuerdos que teníamos de él, es muy distinto a tratar de hacer las mismas precisiones sin verlo (justamente por eso muchas personas vuelven a los lugares que les traen recuerdos, para refrescarlos y o completarlos o complementarlos). Al estar en el lugar mismo podremos recordar infinidad de detalles que serían difíciles de obtener sin estar presente, puesto que al observar la situación será la propia realidad la que aportará los elementos de contexto que falten y que no siempre podremos memorizar. Es por ello que lo percibido será ayuda suficiente para reconocer de inmediato los puntos principales memorizados y hacer que éstos encajen. Por supuesto, cuando no logremos hacer esta coincidencia lo más probable es que no reconozcamos la situación o nos confundamos (¡me perdí!, no reconozco nada de lo que veo, ni de lo que oigo). Quienes quieran reproducir fielmente una situación ya sea para representarla gráficamente o para estudiarla con cualquier propósito, tendrán que hacer varias observaciones muchas de las cuales serán simplemente repeticiones sucesivas para cerciorarse de que lo recordado se ajusta a lo percibido (es el típico caso de quien pinta la naturaleza o un retrato).

Esta cuestión es de vital importancia. Los seres humanos ejecutamos el proceso de pensar con tanta facilidad, que relacionar una percepción actual con una secuencia de recuerdos es casi automática, instantánea en muchos casos. Sin embargo, estas asociaciones permitirán obtener rápidamente los recuerdos mecánicos aprendidos (una vez que se logra un dibujo será más fácil repetirlo), mucho más que conjuntos de elementos correspondiente eventos perceptivos individuales, de los cuales, y como hemos insistido, sólo obtendremos algunas partes, puesto que lo que está almacenado en nuestra memoria siempre será una referencia, nunca la totalidad, ya que la memoria no registra una representación literal de la realidad completa, sino una versión sensible compuesta por múltiples puntos de interés representados por las sensaciones y enlazados a través de percepciones de contexto que no siempre se memorizarán, sino que la mayor parte de las veces se obtendrán de la realidad misma cuando nos enfrentemos nuevamente con ella. Así pues, al recordar invariablemente seguiremos una ruta que seguirá una descripción basada en hitos. No es que el recuerdo aparezca "ante nuestros ojos" como una fotografía, ni tampoco será como el barrido de un scanner, más bien aparecerá como un mapa de puntos en que los mayores corresponderán a lo más significativo para nosotros. Un claro ejemplo de esto son los contenidos de los dibujos de los niños, las figuras y objetos relevantes para ellos serán los que aparezcan en primer plano y de tamaño proporcionalmente mayor. Esta es la razón de ese fenómeno.

Aún así lo que obtendremos al ejecutar el proceso de recordar o pensar, ya sea que éste se active por búsquedas conscientes o bien por relaciones inconscientes, será una secuencia que no tiene porque resultar útil, "lógica" o "racional". Todas las asociaciones surgen, emergen, de acuerdo con los recuerdos que poseemos, de nuestra particular "sensibilidad" para hacer cierto tipo de vinculaciones, de nuestra urgencia por hallar una solución, de la importancia de que la solución sea adecuada, etc.

Esto que parece razonable cuando lo "pensamos" es lo que hace que la inteligencia misma no opere con la misma eficacia para cualquier tipo de soluciones, sino sólo para aquello en que los individuos sean particularmente receptivos, por supuesto que si ellos no son especialmente sensibles a nada, su inteligencia tampoco se destacará en ningún área en especial.

El acto de recordar inconscientemente es trivial para los seres humanos y tal vez sea muy fácil para muchas especies (lo que no significa que necesariamente se trate de recuerdos útiles ni precisos). Por el contrario recordar conscientemente, pensar, para recuperar registros específicos, será más difícil. Ahora bien, si una especie tiene la capacidad de almacenar recuerdos asociados a un tipo particular de eventos, porque tiene algunos sentidos más desarrollados que otros, entonces su atención invariablemente se centrará sobre un mismo tipo de objetivos, luego, para sus miembros hacer las asociaciones de recuerdos en ese tema particular y recurrente puede ser fácil, e incluso podrían llegar a ser muy precisos a la hora de lograr el reconocimiento de lo que necesitan. Es muy probable que este sea el caso de todas las especies que requieren conseguir con exactitud la ubicación de fuentes de alimentos, escondites, lugares peligrosos, sitios de apareamiento, etc. En este caso la memoria se especializará en registrar y recordar eventos específicos sin que sea distraída por otros elementos del entorno. Hacer esta búsqueda circunscrita a ciertos elementos contenidos en la memoria también será una forma de pensamiento, sólo que restringido a un número limitado de sensaciones y de los eventos que las produzcan. Es posible también que algunas restricciones, en cuanto al número y tipo de recuerdos que puedan ser registrados, estén predeterminadas genéticamente por otras vías distintas a la mecánica con que operan las sensaciones, o bien que ellas actúen sobre una configuración neuronal que luego se cierre a nuevas modificaciones. Veamos un ejemplo, si lo único que tiene que recordar un salmón en toda su vida es la ruta que lo llevará de vuelta al río donde nació, entonces ese sólo recuerdo será esencial. Sin embargo, en ese caso la adquisición de ese recuerdo en particular podrá estar programado genéticamente de forma equivalente a como se genera la impronta, definida por **Konrad Lorenz** en sus experimentos con gansos.

Por el contrario en el caso de los seres humanos el proceso de recordar estará asociado a sensaciones que serán producidas por infinidad de elementos a lo largo de su vida, y no por unas pocos específicos. De hecho los "gustos" mismos irán variando en la medida que el individuo se desarrolle. Un bebé humano, a diferencia de los gansos, podrá ser fácilmente adoptado, pues aceptará a su madre substituta como la verdadera (tal vez este proceso pudiera repetirse varias veces, durante cierto periodo de tiempo, con un idéntico fin).

Pensar será entonces un acto que cumplirá eficientemente su función cuando esté enfocado hacia la búsqueda de elementos específicos que traten de un tema de nuestro interés, por el contrario cuando estos recuerdos sean el resultado de percepciones carentes de motivación, para el sujeto que las realiza, su utilidad como guía será escasa o nula, toda vez que serán más débiles o fragmentados, induciendo a la confusión al tratar de recuperarlos. Eso es exactamente lo que le ocurre a todos los estudiantes que no logran recordar y hacer la relación correcta entre los contenidos de las materias que han visto y sobre la cual se les pregunta. Es trivial advertir que quien tenga interés por algo, recordará mejor que quien no lo tenga.

La memoria será "buena" cuando se pueda recuperar con exactitud los recuerdos que ella contenga y, en ese caso, no habrá dudas respecto de lo que se obtiene, simplemente se utilizarán, esto es lo que creemos que ocurre en general en las especies que usan sus recuerdos como parte de sus búsquedas sistemáticas o rutinarias. Ellos (los individuos de otras especies) probablemente no discutirían acerca de que si lo que percibieron es cierto o no. Por el contrario, los seres humanos rara vez estamos tan seguros de nuestras percepciones, es más, basta que alguien en quien confiamos ponga en duda nuestras afirmaciones para que caigamos en la incertidumbre respecto de si lo percibido era realmente como lo recordamos.

Por otra parte, al pensar en recuerdos (nosotros ahora) invariablemente lo haremos recorriendo aquellos que nos parezcan más significativos "emocionalmente" (que explicaremos más adelante), sin embargo, olvidaremos que lo que ocupa la mayor parte de nuestra memoria son justamente nuestros recuerdos mecánicos aprendidos y todas la interrelaciones con otros recuerdos, que a su vez también formarán unos nuevos y diferentes. El recuerdo de los movimientos mecánicos para andar en bicicleta, serán asociados con bicicletas en general y en particular con la nuestra y con las que nos gusten. También lo estarán con los dispositivos mecánicos de sus componentes, con la época en que aprendimos a andar y con infinidad de otras situaciones. Sin embargo la cantidad de asociaciones mentales que hagan los fanáticos de este vehículo, será considerablemente mayor que las que haga un usuario común.

Me parece que al pedir a alguien que hable de sus recuerdos personales, difícilmente incluirá en su enumeración, que sabe caminar y hablar, que sabe escribir, que sabe andar en bicicleta, nadar, que recuerda cientos de nombres de amigos y lugares, que del mismo modo recuerda fechas de todo tipo de acontecimientos, que se sabe algunas canciones, unas poesías, que sabe lavarse los dientes muy bien, etc. etc. y resulta que todos estos recuerdos son mecánicos, puesto que todos ellos han sido adquiridos a través de la repetición sistemática de las observaciones, las que en algunos casos, lo han sido respecto de las sensoriales directas, como andar en bicicleta, y en otros, entre asociaciones recuerdos diferentes, como lo es relacionar nombres con las figuras de personas.

Resulta entonces que nuestra memoria almacenará miles de recuerdos mecánicos aprendidos. Ellos serán los que llenarán nuestra capacidad de registro, mucho más que los recuerdos literales de las percepciones sensoriales, esta es la razón por la cual nuestra memoria, siendo capaz de almacenar grandes cantidades de registros, pareciera que recuerda tan poco de algunas otras cosas. En otras palabras, hemos dado poca o ninguna importancia al lugar que ocupan los recuerdos mecánicos aprendidos, que son con mucho, los que más ejecutamos diariamente, sobre todo en las actividades relacionadas con la obtención de lo que requerimos para la supervivencia (resulta interesante destacar, que todo adiestramiento de cualquier animal incluido el ser humano, se basa en la repetición sistemática de rutinas).

En consecuencia, cada letra del alfabeto, cada número, cada palabra con sus sonidos, sus respectivos significados, sus contextos, etc. ha sido memorizada. Son miles de cosas que no las hemos adquirido a través de la percepción directa sino que han sido el fruto de hacer asociaciones de recuerdos, y todo esto desde nuestra más tierna infancia.

Las letras las hemos aprendido memorizando la forma en que las percibimos mediante la visión, lo mismo que hacemos con la audición, respecto del sonido que le corresponde a cada una, todo ello lo deberemos recordar siempre, para toda la vida. Luego está el contexto, la estructura de las palabras en que podrá ser usada, el sonido de ella, su significado, "man- za- na", ¿qué es una manzana?, eso que está allí, ¿la ven? etc. Toda esta descripción es necesaria para demostrar que tan complejo es algo que parece tan simple. Cuando un niño comienza a hablar ya ha creado una enorme cantidad de recuerdos ficticios, es decir ha asociado nombres a cosas que, curiosamente, no los tienen, puesto que cada palabra es una abstracción, todas ellas. La verdad es que resulta asombroso (así y todo es perfectamente posible olvidar la propia lengua si no se la utiliza, lo cual ocurre con muchas personas que adoptan otro idioma).

Por supuesto que el niño con el tiempo (y el cansancio) aceptará hacer esa asociación sin entender porqué, simplemente se la repetirán una y otra vez, el profesor, los padres, los tíos, los amigos de los padres, etc. Al final las manzanas serán manzanas ¡porque sí!. El caso es, y aquí viene lo extraordinario, que aunque eventualmente al niño no le guste el nombre o le moleste incluso recordarlo, sucederá que si quiere comer una tendrá que pedirla por su nombre, es justamente en este momento en que el recuerdo cumple su propósito y se transforma en aprendizaje. El niño ha aceptado que la manzana es manzana para poder comerla. Todos los seres humanos aceptamos miles de cosas para conseguir lo que necesitamos o lo que queremos, unos la corbata, otros tratar con amabilidad a quien detestan y así miles de situaciones similares (¿cuántas veces ha tenido ganas de decirle a alguien unas cuantas verdades y al final se ha contenido porque ha "recordado" que no le conviene?). En otras palabras, aprendemos por interés, en su sentido más amplio.

Los recuerdos imaginarios llenan nuestra vida y nuestra memoria sin darnos cuenta, son omnipresentes, esa es la gracia. Al decir imaginario, estamos diciendo no real, en el sentido que puedan ser percibido por los sentidos. La palabra "manzana" es imaginaria (al igual que todas las demás, sin embargo, hagamos cuenta por un momento que sólo ella lo es), ¿por qué es imaginaria? Muy simple, porque uno no puede ver una **manzana,** no se puede percibir con los sentidos, pero ¿cómo no? ¡si está ahí! ¿acaso no la ves?, bien si, hay un objeto, pero en ninguna parte tiene el nombre, claro que no tiene el nombre puesto, sin embargo todo el mundo sabe que es una manzana, claro, menos los que creen que es una **apple.** Ese es el punto, el nombre no tiene nada que ver con la manzana misma, el nombre

¡es la invención! También podría llamarse ¡pera! **Todas las palabras son inventadas, existen sólo y nada más que en nuestros recuerdos**, incluso las que están escritas las interpretamos en nuestro cerebro, no en el papel, puesto que en él sólo hay un dibujo que a su vez representa la palabra. A falta de manzanas reales dibujaremos una particular, exactamente la de ese dibujo, o la representaremos a todas por medio del dibujo de las letras. No obstante ambas serán representaciones, puesto que **la manzana real es sólo una y es ella misma**. Cualquier otra cosa es una referencia producto de una elaboración mental (los idiomas y lenguajes se pierden para siempre cuando quienes los usan desaparecen, puesto que no existen en la realidad natural).

La realidad es la que podemos percibir directamente por nuestros sentidos y tampoco será "La Realidad" sino justamente la porción perceptible por ellos, Por poner un ejemplo, los virus y bacterias son parte de La Realidad, sin embargo hasta que no los descubrimos y supimos como eran y como nos afectaban no eran parte de nuestra realidad perceptible, y de hecho ahora tampoco lo son, puesto que seguimos sin poderlos percibir directamente, sin embargo y gracias a los instrumentos que nos permiten aumentar indirectamente nuestras percepciones, podemos registrar lo que está a una escala diferente a la que no son naturalmente sensibles nuestros sentidos. Nuestra realidad inmediata es la que percibimos con los sentidos y es de ella de donde obtendremos lo necesario para vivir. En esa realidad las abstracciones, las ideas y los pensamientos, no tienen existencia material, al igual que el contenido de un CD no es un conjunto de canciones o una película, sino un arreglo material de elementos físicos que al ser activado por medio de un mecanismo nos producirá **el efecto sensorial** de sentir música o ver imágenes visuales.

Cada ser vivo vivirá en una parte de la realidad, algo así como su parcela de dependencias dentro del ecosistema. Esta misma parcela es la que ampliamos los seres humanos al construir instrumentos y herramientas con los cuales podemos auscultar lo que está fuera del limite natural de nuestros sentidos, traduciendo lo que ellos registran en señales que sí podemos percibir.

Con todo, cuando hablamos de imaginario no pensamos precisamente en las palabras, ni en los nombres de las cosas, sino que en algo más imaginario aún, algo como Dios, los ángeles, Papá Noel, etc. Puesto que después de todo tal vez el nombre de la manzana sea inventado, pero igual sabemos que hay una "cosa" que nos podremos comer y que llamamos manzana.

Casualmente resulta que el mismo proceso que nos permite saber que una manzana es una manzana es el que nos posibilitará hacer miles de relaciones entre cosas que naturalmente nos las tienen. El acto de asociar un nombre a un objeto, de otorgarle una cualidad, un atributo, es el inicio de un proceso al que luego se sumarán otras características, entre ellas, funciones y propiedades, cada una corresponderá a una abstracción. Ejemplo, la manzana es: verde, dulce, jugosa, más o menos redonda, etc., cada nueva palabra representará mucho más que lo que la manzana real es, puesto que esos atributos no son sólo de las manzanas. Cualquier niño pequeño en sus juegos atribuirá las características que ha aprendido que tienen las manzanas a cualquier otra cosa incluyendo manzanas de barro, puesto que muchas cosas pueden ser dulces, jugosas y más o menos redondas. Esta delegación o asignación de características es un ejemplo claro de cómo se van asociando los recuerdos y se van construyendo relaciones ficticias. Al final alguien dirá, al margen de cualquier observación, que la manzana la creó Dios.

Es nuestra enorme capacidad para combinar percepciones las que en definitiva nos otorgan nuestra singularidad como especie. Nosotros no nos damos cuenta como es que se produce este proceso, sencillamente, porque lo ejecutamos de modo instintivo. Cuando un niño crea un amigo imaginario está experimentando de modo espontáneo con su capacidad de crear relaciones mentales de diferentes recuerdos para crear situaciones que literalmente no existen. De ahí en más será cosa de aumentar el número de recuerdos reales, de adquirir experiencia, para hacer más tarde combinaciones cada vez más funcionales al proceso de buscar para obtener lo necesario para la subsistencia. Todo cuanto hemos inventado los seres humanos desde la forma de organizar las relaciones sociales, pasando por las instituciones, las hipótesis, las teorías, ¡todo! es el resultado de utilizar la capacidad de crear recuerdos imaginarios.

La única diferencia funcional entre unos recuerdos imaginarios con otros, es que algunos si se pueden construir en la realidad. Si un ingeniero imagina un puente, podrá dibujarlo, calcularlo, etc. todo ello a pesar de que hasta ese momento no existe, sin embargo, si el equivalente al puente de su creación es construido, ese, el puente real, existirá, sin embargo ¡nunca será idéntico al imaginado! Puesto que el creado en la mente jamás contendrá el nivel de detalles del real y aunque así fuera, lo que está en su mente siempre será una imagen, nunca el objeto mismo. Su puente imaginario siempre será una abstracción, aunque finalmente exista uno real muy parecido.

Con todo, cada cosa que imaginemos, guardará algún paralelo con la realidad física, toda vez que las construcciones imaginarias están hechas de fragmentos de recuerdos de percepciones reales. No es posible imaginar algo sin una base sensorial. No obstante que se pueden construir recuerdos imaginarios a partir de combinar otros igualmente imaginarios, esto, en una sucesión prácticamente infinita (manzana no sólo será el nombre de la fruta, sino que además el de los dibujos que la representen y en ellos puede ser incluso multicolor, en esas circunstancias sí se tratará de una interpretación bien o muy ficticia).

Volviendo con el tema del lenguaje. Todo lo que sabemos que sirva para comunicar ideas lo hemos memorizado, está en nuestros recuerdos, así como aprendemos a reconocer las letras, sus sonidos, y las palabras que formemos con ellas, cada elemento deberá ser recordado en forma independiente para poder utilizarlo. Cuando leemos una nueva palabra por primera vez recurrimos al recuerdo del sonido de las letras individuales, luego la deletreamos lentamente, la pronunciamos varias veces incluso tratando de que de algún modo rimen cada vez que la volvemos a leer, repitiéndolo cada vez más rápido, todo ello hasta que la consigamos recordar, tanto en la forma de escribirla como de pronunciarla puesto que ambos son procesos independientes, ya que se puede recordar pronunciarla y no como se escribe y también al revés, sobre todo con aquellas que no pertenecen a nuestro idioma. Los sonidos conformarán unos elementos de memoria y la imagen visual otros, ambos los combinaremos para reproducir completamente el concepto (tal vez el problema con los acentos en el idioma español es que ellos no forman parte de la letra sino que serán incorporados dependiendo de la pronunciación y reglas, que también habrá que memorizar).

El desarrollo de la capacidad de comunicación de los seres humanos, es posible gracias a su facultad de ejecutar numerosos gestos y emitir sonidos, los cuales pueden ser controlados para producir determinados efectos comunicativos. Sin embargo, todo proceso comunicativo **no instintivo** depende del recuerdo y aprendizaje de su simbología particular, ya que obviamente si este fuera instintivo todos los individuos de la especie reconocerían de forma instintiva las señales emitidas por sus iguales, no habría que aprenderlas. Ahora bien, toda simbología está construida en base a abstracciones y sabemos que para construir abstracciones es indispensable pensar, ya que, como hemos reiterado, los elementos constituyentes de cualquier abstracción son los fragmentos de recuerdos distintos, los cuales sólo pueden ser unidos mediante el proceso de pensamiento, o de búsqueda entre ellos.

Para que exista el proceso de comunicación primero tendrá que haber algo que comunicar, si ese mensaje pertenece o es parte de nuestras respuestas instintivas, entonces no habrá necesidad de crear un sistema adicional que no sea el que resulte de aplicar este tipo de respuestas. Por el contrario, si un individuo tiene pensamientos propios, diferentes a los de otros individuos de la especie, entonces tendrá que encontrar el modo de referir esta situación de manera que no sea confundida con otra de interpretación instintiva. Sabemos que los monos son capaces de hacer saber a otros miembros de su grupo, mediante gestos y señales que hay una situación que observar, de este modo cada individuo se formará por sí mismo una "idea" respecto de esa situación particular. Sin embargo la que cada uno se forme seguirá siendo propia y diferente a las demás. Hay una distancia entre hacer que alguien se haga una idea propia, a comunicar explícitamente la idea del que refiere la situación. Cuando una madre dice a su hijo (ya mayorcito) ¡mira!, el hijo responderá, si, ya veo, ¿qué pasa?, ¿cómo que qué pasa?, ¿no ves…? mmm, pues no, ¿cómo puedes decir que no? si tal cosa está… En este caso la madre espera que su hijo interprete la situación que le muestra, del mismo modo en que ella lo hace, cuando el hijo, impávido, no concluye lo mismo, entonces ella se ve obligada a utilizar el lenguaje para explicar su particular punto de vista. La existencia y uso del lenguaje requiere primero que existan ideas importantes que transmitir las cuales no podrán ser "sobrentendidas".

En consecuencia el proceso de pensar, de construir abstracciones, es anterior a la existencia del lenguaje. Sólo cuando estas ideas fueron lo suficientemente claras, y capaces de convertirse en generadoras de búsquedas, se comunicaron al resto de los individuos por medio de un incipiente lenguaje con el fin de obtener ayuda para poder concretarlas (es bien probable que requerir la ayuda del grupo, para hacer algo no instintivo, haya sido el motor del desarrollo del lenguaje).

Es muy probable que en el camino de la evolución de la capacidad de crear recuerdos ficticios, los individuos desarrollaran muchas asociaciones mentales (pensamientos) cuyas consecuencias exploraron ellos mismos, mucho antes de sentir la necesidad de comunicarlas o tener la posibilidad de hacerlo. Sabemos que algunos animales como los monos elaboran algunas herramientas, sin embargo no estamos tan seguros que les enseñen a otros a hacerlo, siendo lo más probable que el aprendizaje se transmita por imitación, y no por la explicación de la asociación de ideas que llevó a su utilización, puesto que para que ello ocurra es imprescindible el lenguaje simbólico. Es decir, no hay una explicación "teórica" ni conceptual, sólo movimientos a imitar para el que aprende.

Una vez adquirida la facultad de crear abstracciones o recuerdos imaginarios en forma sistemática y comenzar a utilizarlos de manera progresiva, la división entre lo real y lo imaginario se hará cada vez más difusa. La construcción del artificio del lenguaje contribuirá significativamente a ello, toda vez que siendo una creación, se le utilizará para describir la realidad, lo cual resulta una verdadera contradicción. Puesto que como vimos antes la realidad es siempre ella misma y su descripción por medio del uso del lenguaje sólo constituirá una reconstrucción parcial hecha de elementos imaginarios. A mayor descripción, mayor uso de la imaginación.

Los recursos de memoria destinados a almacenar los resultados de los actos imaginativos, creando así los recuerdos ficticios, son tan grandes, que nuestra capacidad para recordar las percepciones sensoriales serán muy limitadas. Mientras más tiempo dediquemos a pensar, menos repararemos en las percepciones sensoriales. Es tal vez por eso que quienes se encuentran en medio de un proceso de pensamiento suelen ser tan distraídos. Definitivamente quienes están pensando, no pueden seguir dos líneas distintas a la vez, no obstante que es posible ejecutar simultáneamente varios movimientos mecánicos aprendidos, como caminar, fumar, etc. Es más, mientras menos pensemos, mejor podremos ejecutar los movimientos mecánicos aprendidos, los cuales, paradojalmente, no se realizarán con la misma eficiencia si los pensamos demasiado.

En resumen, el costo a pagar por destinar gran parte de nuestra memoria a almacenar recuerdos mecánicos aprendidos y procesar recuerdos para elaborar los imaginarios, será una merma importante en nuestra capacidad de recordar las respuestas a las percepciones sensoriales directas, tanto en su cantidad como en el nivel de detalle.

11. Las creencias

Hasta aquí hemos analizado punto por punto, como una serie de procesos interdependientes se van concatenando para estructurar el funcionamiento del organismo humano como un todo.

Una síntesis lineal de los hitos que marcarán la secuencia de la actividad mental, asociada a la memoria, son los siguientes:

1. Generar sensaciones por medio de la percepción.
2. Memorizar, adquirir un recuerdo.
3. Recuperar el recuerdo.
    - **A** Obtener el resultado literal (parte de la realidad observada).
    - **B** Obtener un resultado parcial (una parte, de la parte, de la realidad observada).
4. De 3, A, combinar varios recuerdos para formar uno nuevo. (Intentar aprender: las letras, hablar, andar en bicicleta, etc.)
5. De 4, repetir el nuevo recuerdo hasta hacerlo mecánico. (Dominar el uso, entre otros, de: La escritura, el lenguaje y la bicicleta).
6. De 3, B, reemplazar o intercambiar libremente, los datos faltantes de un recuerdo, con los de otros, imaginar.
7. De 6, combinar recuerdos imaginarios entre si, o con otros recuerdos reales literales (de 3 - A) .
8. De 7, emprender acciones de búsqueda basadas en la combinación de recuerdos imaginados, creer.

En el caso del lenguaje, lo que se aprende mediante la repetición es la fonética de las palabras, puesto que las ideas expresadas con ellas requieren de la existencia previa de otros recuerdos, de la imaginación y de las creencias, una situación similar ocurre con la escritura. El esquema aquí planteado es esencialmente recursivo, lo que implica que cada uno de estos niveles de proceso estarán presentes todo el tiempo en la relación entre el individuo y el medio.

Construir las creencias constituye el paso final en el acto de procesar recuerdos como parte de las acciones de búsquedas. Por decirlo de otro modo, la última solución posible para una satisfacer una búsqueda habrá que hallarla imaginando y creyendo en ella. Por el contrario, la primera siempre comenzará con el recuerdo literal. Un ejemplo trivial es lo que ocurre cuando comenzamos a buscar algo que estamos casi seguros de saber donde está, pero, si después de haber indagado concienzudamente no logramos hallarlo, entonces tendremos que pensar un poco más, y si aún así no podemos localizar lo que queremos, entonces elaboraremos hipótesis, es decir imaginaremos que pudo haber pasado. Todo este proceso comienza con el recuerdo literal y termina con la especulación fruto de una creencia. Esa es la experiencia cotidiana.

Imaginar puede ser la consecuencia de una asociación de ideas que comienza siendo inconsciente, en cambio, creer siempre será el resultado de hacer una relación de ideas conscientemente, de pensar.

Los recuerdos ficticios o ideas se parecen mucho a las creencias, es bastante difícil hacer una separación bien definida, toda vez que son aquellos los que darán origen a las creencias. En todo caso nuestra definición es simple: **creer, es igual a imaginar que algo es posible**, en otras palabras, transformar lo imaginado en objeto de búsquedas reales o potenciales. Mientras el acto de imaginar no sea el responsable de una acción directa, sólo será un ejercicio mental, pero, si como producto de esta actividad se genera un nuevo recuerdo, éste podrá ser usado más tarde como un elemento dentro de otros que sí podrían dar origen a una creencia. Luego, una creencia surgirá de la combinación de varios recuerdos imaginarios que sirvan como fundamento a una posición o a un emprendimiento (una posición frente a algo constituye un potencial para acciones futuras).

Toda creencia, desde la más simple trivial e intrascendente hasta la más compleja, es fruto del pensamiento y todas ellas comienzan exactamente del mismo modo, combinando recuerdos imaginarios y extrayendo de ellos posibilidades que no nos constan, que no son reales, no al menos para quien las imagina.

Cuando imaginamos, somos creadores de algo que para nosotros no existe, que nunca hemos percibido, de eso se trata, puesto que si lo hubiésemos percibido no sería el resultado de imaginar, sino simplemente de recordar. Recordamos cuando recuperamos lo que hemos observado con anterioridad, e imaginamos cuando lo que obtenemos del proceso de pensar es una idea nueva para nosotros mismos. Otra cosa muy distinta es que eso que creamos ya haya sido pensado antes por otras personas, en cuyo caso el producto de nuestra imaginación no será original. No obstante el que no sea original no significa que sea real.

A diferencia de los recuerdos imaginarios, las creencias se construyen en el momento mismo de tratar de relacionar estos recuerdos con la realidad o con nuevos recuerdos, entonces una creencia dura lo mismo que el pensamiento, no obstante que éste puede repetirse infinitas veces. Si la materialidad de un recuerdo imaginario está en la configuración neuronal que guarda los valores de las sensaciones que lo representan, una creencia no tiene expresión material ninguna, puesto que es resultado de la acción misma, la de pensar, la de buscar una relación entre estos recuerdos imaginarios. Ejemplo, el habla, lo mismo que las creencias, no tiene una forma material permanente, existe sólo mientras la acción se ejecuta, mientras los músculos se muevan, sin embargo ellos no son el habla. La música existe mientras es interpretada, sin embargo ni los instrumentos ni la partitura son la música. Las creencias son en consecuencia esencialmente variables puesto que cada vez que se expresen podrán ponderar en modo diferente cada uno de los recuerdos imaginarios que la sustentan. Las creencias de una misma persona variarán tanto como cambien sus argumentos a través del tiempo. Con todo, la ruta que unirá los distintos recuerdos que conformen una creencia, podrá ser una a la que se recurra frecuentemente, y es por ello que las creencias tendrán la apariencia de ser más o menos consistentes a través del tiempo (la mayor parte de los argumentos del discurso que sustente una creencia "compleja" serán aprendidos mecánicamente, es decir, se repetirán inconscientemente).

Los únicos actos imaginarios que pueden llegar a tener alguna representación real son aquellos que se construyan o comprueben posteriormente en la realidad. Y si bien esa representación puede ser real, no significa en lo absoluto que ella sea

natural en términos de La Naturaleza. Un automóvil es real pero no natural, un titulo honorífico ni es natural ni tiene existencia real, puesto que depende de que las personan crean en su valor para que exista, es decir, estará en los recuerdos de las personas, que como hemos visto no tienen existencia material. Una teoría científica tampoco tiene existencia material puesto que los fenómenos reales explicados por ella son independientes de la explicación. Ahora bien, todas nuestras acciones sobre el medio son reales, en cambio, son las motivaciones de muchas de ellas, las que obedeciendo a una necesidad real, pueden no ser naturales dentro de La Naturaleza, sin embargo pueden ser naturales dentro de la sociedad humana de origen ficticio, como por ejemplo, querer obtener un grado universitario. Una creencia religiosa particular será natural dentro de la sociedad que la haya definido artificialmente como natural (curiosamente muchas creencias definen que es lo natural al margen de la propia naturaleza), por el contrario será antinatural si esa misma sociedad considera que no va en la línea de las creencias aceptadas. Una cucaracha vivirá "feliz" en una alcantarilla puesto que ésta será parte de su realidad natural, aún cuando ese hábitat sea artificial.

La gracia de las creencias está precisamente en que para generarlas no es necesario que sus hipótesis o postulados sean reales o verdaderos, sino más bien todo lo contrario. Imaginar lo que no existe y transformar este acto en el motor de las búsquedas humanas, es lo que le ha permitido a la especie crear todas las obras que la caracterizan. Sin embargo infinitas cosas imaginadas nunca podrán ser demostradas o construidas en La Realidad, a pesar del empeño de sus creadores, ese es el riesgo de las creencias, puesto que el mismo fenómeno que tan útil puede ser para lograr una mejor transformación del entorno a nuestros requerimientos, también nos podrá conducir a las más descabelladas conductas sociales.

La realidad social es el resultado de la aplicación y operación de acciones reales, basadas en creencias humanas cuyos argumentos son supuestos ficticios. Puesto que nadie puede demostrar, por ejemplo, que la democracia, la dictadura, la monarquía, el cooperativismo, el socialismo o cualquier otra forma de organización social tenga un sustento en la realidad natural perceptible. Por el contrario, alimentarse, protegerse, respirar, encontrar y formar pareja, tener hijos, protegerlos, etc. son hechos de naturaleza biológica que no dependen de ninguna interpretación ni observación para existir, los cuales en todo caso, se satisfarán en esa misma naturaleza a través del ejercicio simultaneo del derecho y el deber de buscar y encontrar para solventar esas necesidades. En las sociedades humanas en que se ha desarrollado el intercambio y la especialización, como formas específicas de subsistencia, el derecho y el deber se han separado en conductas distintas que se ejecutan en tiempos y sobre bienes diferentes. La abrumadora desproporcionalidad con que cada individuo dará cumplimiento a uno u otro aspecto de esta obligación biológica, ha sido una constante en la historia humana.

*Los derechos y deberes están separados en la naturaleza, en aquellas especies que instintivamente sobreviven en base a organizaciones sociales, en que existen funciones específicas para cada uno de los individuos. Por el contrario en las especies cuyos individuos pueden sobrevivir en forma más o menos independiente, el derecho y el deber se ejercerá simultáneamente. En el caso de los seres humanos es muy posible que los individuos sean mucho más independientes que dependiente de relaciones sociales estrictas. En esas condiciones sus relaciones y estructuras sociales dependerán más de sus creaciones imaginarias, producto del aprendizaje, que de las necesidades biológicas que objetivamente aquellas puedan satisfacer. En otras palabras los seres humanos no tendrían instintivamente más instrucciones para organizarse socialmente que aquellas que son comunes a la mayoría de los mamíferos predadores que viven en manadas pequeñas, y la complejización de estas organizaciones obedecerá solamente a la obtención de una ventaja oportunista otorgada por su capacidad de creer y crear mejores condiciones de supervivencia, puesto que después de todo, **las propias comunidades humanas también forman parte del entorno modificable para los individuos aislados**.*

Entre los individuos de las otras especies, el ejercicio simultáneo del derecho y deber se opondrá sistemáticamente al de otros, luego cada uno ejercerá el suyo hasta que se encuentre con aquél que lo limite de maneras muchas veces "brutal", dando origen así a lo que nosotros interpretamos como la famosa ley de la selva. Sin embargo, el mismo mecanismo, y a veces con mayor brutalidad, operará también dentro y entre las comunidades humanas, puesto que en la realidad social humana los derechos se obtienen y se hacen valer por la fuerza, y los deberes terminan siendo una compensación siempre menor. Probablemente si los derechos fuesen realmente equivalentes a los deberes no habría "progreso", puesto que todo derecho, independiente de un deber recíproco, importa un privilegio, y todo privilegio, constituye un exceso que ayuda al desequilibrio de un sistema. La democracia es el intento de limitar los excesos.

Para los efectos de la construcción de recuerdos imaginarios, o ideas, que luego serán utilizadas en las creencias, es importante tener presente que: La imaginación será mayor cuanto más imprecisos sean los recuerdos de aquello que se quiera obtener o producir. Esto significa que para reconstruir un recuerdo muy fragmentado, se necesitarán más partes aisladas, que es lo que hacen los niños al reproducir la realidad con multitud de elementos imaginarios, lo cual dará la posibilidad de jugar con mayor número de configuraciones. Es equivalente a la metáfora del lienzo en blanco, mientras menos trazos contenga más probabilidades existen de que podamos hacer en él una obra maestra. También es posible asimilar, aunque algo más prosaicamente, al caso de las mujeres que mostrando "algo", "dejan el resto para "la imaginación", justamente nuestra mente buscará llenar lo que falta con algo "bueno". En general la imaginación se nutrirá de lo que falte, puesto que lo que hay no es necesario imaginarlo, eso lo percibimos directamente. Si nos anuncian que habrá un postre rico, con certeza imaginaremos uno "muy" rico **(la desilusión siempre sobreviene cuando lo imaginado no se hace realidad)**. Entonces, creeremos también cuando nos formemos expectativas respecto de conseguir algo que queremos, o lo que es igual, imaginemos el resultado de una búsqueda, aunque ella no dependa de nosotros. La diferencia fundamental entre lo que imaginan los niños, respecto de los adultos, es el propósito, que en el caso de los niños es jugar y, en el de los adultos, hallar soluciones

posibles. Las soluciones de los niños, en general, no tienen consecuencias, las de los adultos sí.

Sabemos, porque es un hecho más que evidente, que los seres
humanos opinamos de cualquier cosa, de todo, con estricta independencia de cuanto sepamos o no del tema a que nos refiramos
Estas opiniones surgen de nuestro conocimiento siempre parcial
de los acontecimientos, la mayor parte de las veces movidos literalmente por las sensaciones (sentimientos y emociones) que ese
conocimiento nos provoca. En estas condiciones equivocarnos es
la probabilidad mayor. No todos pueden tener la razón al mismo tiempo en las posiciones que sostienen, y resulta que todos las
tienen, incluso muchas veces una misma persona tendrá algunas
contradictorias consigo misma. De esto se desprende que al no
tener todos la razón, muchos argumentos estarán justificados en
imaginar que las cosas son de un modo que no se corresponderá
con la realidad. Luego **todo recuerdo que no haya sido fruto de
la observación directa, de la percepción sensorial, será siempre
imaginario, ficticio** ("ver para creer"). Hay que dejar en claro que,
lo que estamos afirmando, es que lo único estrictamente real para
cada observador son sus percepciones sensoriales, esto supone que
si nos enteramos de algo por haberlo escuchado, lo evidentemente
real en términos biológicos es el sonido, con las intensidades y én-
fasis que emite la persona que nos hace el relato, nada más. Puesto
que cualquier análisis o conclusiones que podamos extraer de los
contenidos de esa comunicación, o su comprensión, será siempre
el fruto de la elaboración mental propia del que la escucha, del
proceso de imaginar como sucedieron los hechos relatados, y como
sabemos porque nos consta, una cosa son los hechos y otra muy
distinta, lo que nosotros podamos inferir e imaginar a partir de ese
relato. En rigor todo lo expuesto en este ensayo es imaginario, y si
llegase a suceder que se demuestra que nuestras afirmaciones realmente describen lo que ocurre en la realidad, igual seguiría siendo
imaginario, puesto que cada cosa que está escrita en este texto sólo
puede interpretarse y existir en la mente de las personas, y en ninguna otra parte.

Todos los recuerdos son individuales, personales. **Lo que es posible comunicar por medio del lenguaje es la experiencia acerca de cierto conocimiento (recuerdos), no el conocimiento mismo,** puesto que éste se obtiene de la exploración sensorial propia y directa de los elementos que generan las sensaciones. Cuando se obtienen referencias de terceras personas respecto de ciertos conocimientos, estaremos obligados a imaginar y creer, que son como nos lo relatan, sin ninguna posibilidad de contrastar con nuestros propios sentidos las observaciones originales de las cuales se desprende ese conocimiento. En estas condiciones cada oyente construirá su propia y particular versión de lo escuchado, generando así tantas creencias como individuos escuchen el relato. Por supuesto que nunca faltarán los escépticos que pongan en duda cualquier versión sin comprobación independiente, particularmente la efectuada por ellos mismos. Sin embargo, es interesante hacer notar que hasta el escéptico más recalcitrante, tendrá que construir en su mente aquello en lo que no cree, es decir recreará mediante la imaginación los símbolos y los argumentos de la creencia que rechaza. Imaginar no significa necesariamente creer. Cuando leemos una novela no nos queda otra que imaginar a los personajes y la trama que los envuelve, sin embargo no por ser una historia coherente y "creíble" pensaremos que es real, o que podría serlo.

La elaboración de creencias es un proceso biológico tan instintivo e inevitable como recordar e imaginar, no se puede impedir, aunque se puede restringir o dirigir si se limitan o encausan las experiencias sensoriales a las que pueda acceder un individuo. La materia prima de los recuerdos son las experiencias sensoriales, mientras más se tengan, más posibilidades de combinación habrá, esta parece ser una conclusión de perogrullo.

El proceso de elaborar las creencias comienza en la infancia, probablemente poco antes del habla, puesto que ésta requiere de la capacidad de comprender y elaborar abstracciones, que son el antecedente inmediato de las creencias. Las creencias de los niños son por así decirlo ingenuas, ellos no tratarán de comprobarlas, ni esperan que se hagan realidad, como mucho, las internalizarán en sus juegos como parte de un mundo que son capaces de reconocer como totalmente ficticio (**Paul L. Harris**, "El funcionamiento de la imaginación"). Por el contrario aceptarán las creencias de sus padres como parte de la realidad, aún cuando estas también sean ficticias. La diferencia fundamental entre las distintas creencias que elaborarán o re-elaborarán* los individuos a lo largo de su vida tendrá que ver con el valor de ellas para la subsistencia de cada uno, y así como para los niños sus creencias no tienen mayor implicancia en su subsistencia, en los adultos puede significar la diferencia entre tener o no una fuente de recursos. Cada creyente en una causa, ya sea social, política, económica, religiosa, etc. encontrará, en el contexto de ella, su forma de ganarse la vida, por decirlo de otra manera, su circulo de intereses, y ellos no representan más que la transformación de sus creencias en modos o estilos de vida.

Si las creencias están elaboradas a partir de recuerdos imaginarios y estos a su vez de los fragmentos de recuerdos literales, entonces la observación y recuerdo de los elementos percibidos en la realidad, será la función clave para cualquier elaboración mental futura, no obstante, la significación "racional", contenido, o valor de verdad, de una observación no es relevante, basta que exista una percepción que sea capaz de generar recuerdos para que estos se constituyan de hecho en elementos que puedan ser combinados junto con otros (por eso existe la censura previa, para que no haya siquiera la posibilidad de hacerse una "idea"). Lo mismo ocurre con la "calidad" de la percepción, si ella es muy acuciosa dará origen a un recuerdo completo y duradero, si es superficial producirá uno parcial y, sin embargo, en ambos casos se generarán recuerdos, que a la larga es lo que importa. Determinar cuáles de estos representarán mejor lo observado, en función de una utilidad futura, dependerá de consideraciones no predecibles, pues ¿quién puede determinar

---

*Aceptar una creencia ajena equivale a hacerse una idea propia respecto de ella, NUNCA dos creencias serán exactamente iguales o tendrán las mismas implicancias, existen tantos dioses como creyentes en él, de la misma manera en que hay tantas opiniones acerca de una persona real, como conocidos tenga (toda coincidencia entre las opiniones de dos personas SIEMPRE tiene un límite).

cuando una observación es lo suficientemente buena y para qué? Esta plagado de casos en que muchas personas con unas pocas observaciones logran soluciones mejores que otros que se llevan toda la vida analizando lo mismo. Y no debemos olvidar que en última instancia, recordar y utilizar los recuerdos es la función biológica que nos permitirá una mejor adaptación. Quienes aprenden son los que usan sus observaciones para elaborar recuerdos útiles en sus procesos de búsqueda, independientemente de que sean verdaderas o no. Esta es una cuestión trascendental, puesto que resulta que los recuerdos son provechosos dependiendo para que sirvan. Una observación completa, rigurosa, detallista, puede satisfacer los deseos de alguien, sin embargo resultar perfectamente inútil para obtener algo. Por el lado opuesto, una observación parcial, imprecisa, reconstruida con múltiples elementos de otros recuerdos puede resultar tremendamente ventajosa para construir situaciones de las cuales obtener provecho. Por ejemplo, creer que la causa de una cura puede estar en un ritual religioso, resulta de una interpretación muy parcial de la realidad, pero si en ese mismo ritual se consume una sustancia que producirá el efecto curativo, entonces las asociaciones de las observaciones parciales igual pueden conducir finalmente a la obtención de un beneficio real.

Si Dios existe o no, no es demasiado importante para quienes en su nombre logren conseguir seguridad, consuelo o una vida próspera, lo mismo que para cualquier otra persona que saque partido de convencer a otros de que algo es cierto. En estos casos lo menos importante es la "verdad", o dicho en términos biológicos, lo ajustado de las percepciones a la realidad. La búsqueda de la verdad sólo interesa a quienes les provoque placer tratar de encontrarla (y eventualmente riqueza y o reconocimiento), puesto que su existencia por sí misma no tiene nada que ver con la vida, de hecho, encontrar que sólo vivimos para seguir viviendo podría ser una verdad muy desagradable y poco funcional para muchos. Puesto que para seguir viviendo a veces bastará muy poco conocimiento "verdadero" (a nadie la ha afectado hasta ahora no saber cuál es el origen de nuestra capacidad de pensar). En otro extremo, ser un bribón es una forma útil de buscar y obtener lo que se requiere, lo que ocurre es que esto no le conviene, le sirve, ni le gusta a la mayoría de los miembros de la comunidad, y sin embargo sí han existido muchas comunidades organizadas que han subsistido del saqueo y del pillaje. Ahora bien, ¿de qué sirve saber mucho si no hacemos nada con ese conocimiento? Existen innumerables personas que se afanan por saber y que sin embargo sobreviven a duras penas, ¿será entonces que aprenden sólo por el "gusto" de hacerlo?, puesto que ellos no han aprovechado ese conocimiento para lograr vivir mejor, en estricto rigor biológico no han aprendido, a pesar de poseer recuerdos de incontables cosas. Es el mismo caso del delfín que salta sólo por gusto.

La mayor parte de las actividades humanas cotidianas tienen su origen en creencias. Creemos en el trabajo que hacemos, en su utilidad, creemos en las reglas del tránsito, creemos que lo que aprenden nuestros hijos es importante, creemos en los cánones de buenas costumbres, creemos en algunos líderes y no creemos en otros (que igual es una creencia), creemos que las cosas están bien o están mal, etc. Las creencias llenan nuestras actividades. Cómo podría ser de otro modo, si vivimos en sociedades en que todas sus relaciones están basadas en creencias. La amistad, la honestidad, el amor, la religiosidad, la solidaridad, la justicia, la verdad, la razón, la racionalidad y junto a ellos, sus opuestos. Todas son elaboraciones abstractas en las que podemos creer o no, ejemplo: No es cierto que haya justicia, solidaridad, amor, etc.

Ninguno de estos conceptos son directamente perceptibles por los sentidos, todos ellos son elaboraciones mentales, los hemos imaginado. Ejemplo, ¿en qué parte está la solidaridad?, en las conductas, ¿y qué mueve una conducta cuyo modelo en la naturaleza no existe? ¡una creencia!

Las creencias nos permiten crear lo que en la naturaleza no existe.

Con el siguiente gráfico terminamos el esquema en donde representamos de forma muy simplificada todos los procesos involucrados en el trayecto de las búsquedas humanas.

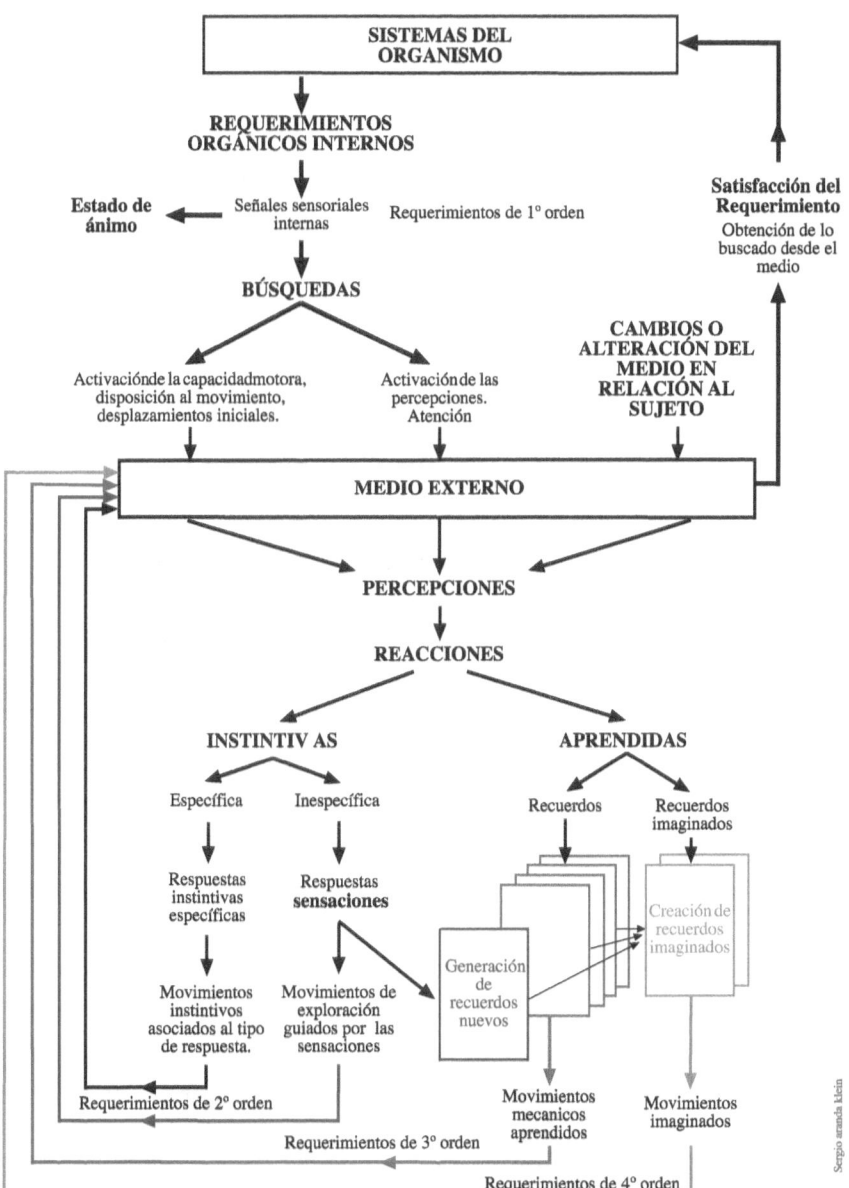

12. Los sentimientos y las emociones

Hasta aquí creemos haber demostrado la relación directa que existe entre la generación de sensaciones como respuesta a las observaciones y la creación de recuerdos en base a ellas. También pensamos que ha quedado claro como es que se produce la recuperación de los recuerdos, ya sea a través del uso del pensamiento, cuando éste es activado por una coincidencia entre valores memorizados y percibidos, o bien. cuando se fuerza una búsqueda para la obtención de un recuerdo particular. Por su parte, el proceso de imaginar lleva el pensamiento un paso lejos, cuando por medio de él obtenemos recuerdos que no se corresponden con la realidad observada, en otras palabras, cuando producto de la acción de pensar se produce una deformación, intencional o no, de nuestros propios recuerdos reales para crear uno nuevo ficticio.

Es un hecho que si podemos recordar una idea es porque ella formará un nuevo recuerdo, esta es una cuestión trivial sobre la cual no tenemos dudas. Ahora bien, nuestra hipótesis es que todo recuerdo está construido en base a valores de sensaciones. Sin embargo, los recuerdos imaginarios no se obtienen de la percepción directa, entonces ¿cuáles serán los valores de sensaciones de estos nuevos recuerdos si ellos no son obtenidos directamente por la percepción? Todo parece indicar que será el resultado de combinar los valores de las sensaciones, pertenecientes a aquellos fragmentos de recuerdos utilizados, sumados a los de la percepción presente, todo lo cual generará valores de sensaciones propios y particulares del nuevo recuerdo ficticio. Es más, si lo que combinamos son los valores más significativos de varios recuerdos, es de esperar que los recuerdos ficticios resultantes sean mucho más intensos, que aquellos compuestos por unos pocos valores significativos (las fantasías proporcionan sensaciones intensas porque ellas reúnen lo que más nos gusta y obvian lo que nos desagrada).

En consecuencia, **los sentimientos y emociones serán las sensaciones que produzca el acto de imaginar y de relacionar recuerdos de situaciones ficticias no perceptibles por los sentidos.**

Así como las sensaciones son las guías en nuestros despla-zamientos exploratorios en el mundo real y sus recuerdos, los sentimientos y emociones son un tipo de sensaciones que con-ducen nuestras búsquedas a través del mundo imaginario de re-laciones que formamos con los recuerdos ficticios.

Los valores de las sensaciones que corresponden a los sen-timientos y emociones no se obtienen de la percepción directa de la realidad. La felicidad, la alegría, la pena, la tristeza, la rabia, etc. son sensaciones que se logran luego de relacionar lo percibido, con nuestros recuerdos ficticios que representarán otros tantos concep-tos que tampoco son perceptibles en forma directa por los sentidos, la familia, los amigos, nuestro barrio, nuestras preferencias políticas, deportivas, de entretenimiento, etc. puesto que ellas son todas cons-trucciones mentales que no existen en la realidad perceptible. No es posible "ver" a un amigo, ya que en realidad lo que efectivamente podemos percibir son las señales sensoriales que corresponden a una figura, que nuestros recuerdos comunes se encargarán de indi-carnos que se trata de una persona que hemos visto muchas veces, y que nuestros recuerdos ficticios harán lo propio respecto de un nombre y una relación imaginaria particular. Todo lo que imagi-nemos que nos permita caracterizar a una persona como un amigo, será producto de otras relaciones ficticias que establezcamos con él, las cuales percibiremos a través de los sentimientos y emociones. Un perfecto desconocido no nos producirá ningún tipo de senti-mientos (siempre y cuando no lo comparemos con alguna persona que si conozcamos).

Por otra parte un amigo dejará de serlo cuando nuestras ex-pectativas respecto de lo que pensábamos de él dejen de cumplirse. En ese caso, al contrastar lo imaginado con la realidad se harán evidente las diferencias entre una y otra. Frases como, "nunca lo hubiese imaginado de él (o ella)" representan claramente lo que afirmamos. La mayor parte de lo que sabemos de los demás es jus-tamente lo que creemos, es decir, nuestra propia representación de ellos, y obviamente eso no tiene porque ser verdad, aunque nos gus-taría que lo fuese.

Los recuerdos que producen sentimientos se han formado en nuestra mente con algunos elementos de la realidad perceptible, sin embargo, todo el valor de verdad de estos recuerdos está en nuestras propias creencias, puesto que lo que es perceptible es literalmente muy poco. Por decirlo de otro modo, la relación "sentimental" que alguien tiene con otra persona existe exclusivamente en la memoria de quien imagina y describe la relación. Puesto que no es posible "saber" como "es" la otra persona, sólo podemos imaginarlo (con dificultad una persona puede saber como es ella misma, todo dependerá de la cantidad de recuerdos que tenga acerca de sus propias reacciones, es común y corriente escuchar frases como: "nunca hubiese imaginado que reaccionaría de esa forma", "me sorprendí a mí mismo", "no me reconocí", etc.).

Ninguna de las relaciones que llamamos afectivas se establece en función de las características perceptibles de objetos o situaciones, sino que dependen de la relación imaginaria que establezcamos con ellos. Los sentimientos y las emociones existirán en la medida que tengamos recuerdos previos que hayamos procesado en la construcción de esas relaciones. Ejemplo, uno oso de peluche en la estantería de una tienda, puede ser solamente un objeto más, sin embargo, "nuestro" oso de peluche, será diferente puesto que él significará algo para nosotros. Esta significación es la relación entre nuestros distintos recuerdos, sin ella, el juguete pasa a ser sólo una cosa, es más, muchas veces el objeto mismo carecerá de importancia en las asociaciones entre recuerdos. Dicho de otro modo, el valor de las sensaciones del vínculo por sí mismo, puede ser más importante que el propio objeto que lo genera ("estar enamorado del amor"), tanto, que muchas veces tendremos sentimientos respecto de cosas y contextos que no han existido, que simplemente imaginamos en relación a eventos que son o fueron importantes. Es muy común creer que ciertas situaciones sucedieron de un modo que no se corresponde con la realidad y que sin embargo, nosotros interpretamos como reales. Resulta perfectamente posible añorar un oso de peluche que nunca tuvimos, como resultado de diferentes asociaciones de ideas. Del mismo modo en que le damos vida y significación a elementos y entornos que tampoco hemos percibido (paisajes imaginarios, lugares ideales), y que sin embargo quisiéramos hacerlos realidad. Cuando pensamos en creencias religiosas e imaginamos o tratamos de visualizar los símbolos de ella, construimos una representación que va mucho más allá de lo que efectivamente es perceptible, y sin embargo somos capaces de producir sentimientos con sólo imaginarlas.

Nuestro yo inorgánico es el que mediante la ejecución de las búsquedas crea y maneja las situaciones ficticias, las creencias, puesto que el yo orgánico se ocupa de la relación del organismo con el mundo real, el perceptible. Toda creencia genera sentimientos, puesto que si no fuese así, no se transformarían en objeto de búsquedas. ¿Cómo podríamos buscar lo que no existe si ello no generara en nosotros alguna sensación que nos estimulase a seguir buscando? Y por otra parte, ¿cómo podemos generar sensaciones de cosas que no existen, si no es mediante el uso de nuestra imaginación y el particular arreglo de valores de sensaciones que conlleva? (el yo orgánico establece las relaciones objetivas con el medio, el inorgánico, las subjetivas).

Para nuestro yo inorgánico, puede ser tan real una piedra como un amigo, un ovni, o Dios. La piedra la percibimos y nos produce sensaciones reales, nuestro amigo también es una persona real y perceptible, sin embargo la relación misma de amistad sólo es posible "sentirla" mediante los sentimientos que logramos imaginando. Por el contrario, un ovni corresponde a la representación de un conjunto de sensaciones y sentimientos, mucho más que a percepciones reales, los cuales son generados por asociaciones entre recuerdos reales e imaginarios. Por último, Dios es más que nada sentimientos, hay muy poca materialidad que observar para deducir su existencia. **La idea de Dios es básicamente una conclusión afectiva,** carente de otros elementos que la soporten (pues aunque en verdad existiese, hasta ahora nadie lo ha visto).

Resulta tan evidente que los sentimientos están asociados a nuestros recuerdos imaginarios y a las creencias, que no los sentiremos respecto de aquello que no forme parte de nuestros recuerdos.

Los amigos, los familiares, las causas de cualquier tipo, requieren de recuerdos y de su procesamiento para hacernos sentir sentimientos. Un amigo que se aleja, un familiar que fallece, una causa que deja de interesarnos, son todas situaciones que ponen a prueba nuestra capacidad de recordar y de reelaborar nuevas situaciones imaginarias. Con el olvido, se atenúan y finalmente se pierden las sensaciones de los sentimientos. Algo que nos emocionó en una época puede sernos perfectamente indiferente años después. Puesto que a diferencia de los valores de las sensaciones, que son instintivos, los correspondientes a los sentimientos, dependen de que los obtengamos de la memoria adquirida, ya que es allí donde se guardan las particulares configuraciones de valores de sensaciones que dan origen a los recuerdos imaginarios. En otras palabras, para percibir sentimientos y emociones, debemos necesariamente recordar. Si olvidamos, los sentimientos se pierden, dejan de existir. ¿Quièn no ha saludado alegremente a alguien, recordando luego que lo detesta profundamente? Por el contrario las sensaciones que se obtienen como reacciones instintivas, siempre serán similares, no habrá que recordarlas. El sabor a lo dulce, será dulce toda la vida.

Los sentimientos acerca de la muerte misma, son fuertes cuando ella afecta a quienes conocemos, y nos resultan totalmente indiferente cuando ella ocurre lejos de nosotros, a gente de la cual nada sabemos, es incluso posible sentir más por la ballenas que mueren, que por otras personas (a las ballenas las imaginamos todas iguales, las personas no).

Cuando imaginamos proyectos de búsqueda, construcción, o conquista, la generación de expectativas es igual a la de sentimientos, el entusiasmo, el optimismo y la fe, etc. son manifestaciones de sentimientos indispensables para llevar a cabo nuestros planes que se gestan como ideas, sin más sustento que la posibilidad de tratar de hacerlas realidad. Sin sentimientos no hay creencias ni emprendimiento.

13. Conclusiones

Este trabajo es parte, y continuación, de uno mucho mayor, que he emprendido para tratar de entender las causas de las conductas humanas y su proyección en el futuro. Mi punto de entrada a la comprensión de esta problemática, ha sido la búsqueda de una explicación para el fenómeno de las creencias, que es con mucho, el que me parece más interesante, sin embargo, éstas son la consecuencia última de numerosos procesos anteriores. Las creencias son por así decirlo, el resultado final, el producto más elaborado que puede producir el cerebro, sin que ello signifique que sea necesariamente bueno o eficiente, simplemente es lo que más puede hacer. Si sirve o no, dependerá estrictamente de su uso, después de todo se trata de una capacidad que surge, emerge, sin propósitos predeterminados, es un resultado. El que sea el último proceso no significa nada más, que hasta ahí llega, no tiene ninguna connotación de perfección ni progreso. Tal vez si sea todo lo contrario, puesto que la capacidad de creer surge de un efecto "inesperado" que ordinariamente atribuiríamos más a un defecto que a una virtud, veamos:

Si los seres humanos imaginamos, es por la simple y sencilla razón de que es más fácil inventar una situación, que recordar literalmente lo percibido (es cosa de escuchar atentamente las respuestas de niños y adolescentes, entre otras). Resulta que nuestra más querida y ensalzada facultad, que es la de creer, es el resultado de un proceso contradictorio. En efecto, las creencias tienen su origen inmediato en dos circunstancias que terminan siendo contraproducentes. Primero, nuestro cerebro evolucionó permitiéndonos almacenar gran cantidad de recuerdos, lo cual haría suponer que deberíamos tener una memoria prodigiosa, respecto de lo que percibimos del entorno por medio de los sentidos, y sin embargo ello no es así. Segundo, la mayor parte de nuestra memoria la destinaremos a registrar nuestras propias elaboraciones mentales, no las percepciones literales, las cuales memorizamos con bastante dificultad. En conclusión, una facultad que, en "teoría", debería haber servido para una cosa, la hemos utilizado sistemáticamente para otra muy distinta. Es equivalente al caso supuesto, de que las alas de las aves hubiesen evolucionado a partir de desarrollar mecanismos de ventilación (o calefacción), siendo hipotéticamente posible, que con posterioridad los individuos alados hayan "descubierto" que eran más livianos cuando las batían al caminar. Si esta fue la realidad o no, no lo sabemos, el caso es que, como "abanicos" las alas no habrían sido del todo eficientes, puesto que sus poseedores se volarían con facilidad. Ahora bien, como medio de transporte resultaron extraordinarias (la moraleja es que un abanico muy grande no sirve).

En mi libro anterior sostengo que, el cerebro humano durante mucho tiempo sí fue eficiente para recordar los elementos del entorno, sin embargo, a medida que la evolución lo hizo crecer junto con la memoria, su mayor capacidad de almacenamiento, comenzó a producir una acumulación tal de recuerdos, que a la larga produjo una saturación. Esta condición "emergente" significó, sin duda, que los recuerdos, en grado creciente, fuesen confundidos y eventualmente combinados. Así las cosas, la posibilidad de recuperar con certeza lo que se quería o necesitaba, debió ir en disminución. En este punto es donde comienza a evidenciarse la contradicción, demasiados recuerdos impiden, o a lo menos entorpecen, la obtención con exactitud de algunos de ellos ("déjame pensar... mmm"). Esta creciente incapacidad de obtener recuerdos literales precisos, llevo al uso, igualmente creciente, de combinaciones de recuerdos para resolver búsquedas ("lo primero que se me vino a la mente"). Luego habría sido "el exceso" de recuerdos lo que a la larga habría desencadenado el desarrollo de la imaginación, y de algún modo un exceso no parece ser una cosa buena, una virtud.

Podríamos resumir esta situación del siguiente modo. El gradiente de aumento de la memoria produce una mejora de ésta, hasta llegar a un punto donde se produce un punto de inflexión, a partir de allí todo nuevo aumento de memoria y o recuerdos, origina una mayor dificultad en su recuperación y, sin embargo, la existencia de un gran número de ellos permite asociaciones "fáciles", rápidas, no obstante que éstas se realizarán entre los distintos elementos recordados con mayor "presencia o fuerza" y no necesariamente entre los pertenecientes a un mismo recuerdo. Un ejemplo de esto es lo que hacemos al recordar a una persona. Para visualizarla en la memoria recurriremos a la imagen que tengamos más fuertemente grabada, y no obligatoriamente a la que corresponda al tiempo y lugar del resto del recuerdo. Esto es equivalente a lo que ocurre cuando nos presentan la imagen de un líder o una personalidad, en cuyo caso se escoge la mejor foto, la cual no tiene por que ser la última (si no hiciésemos instintivamente este sesgo, y por el contrario, recordáramos con igual intensidad cada una de las "caras" de una misma persona, probablemente el "cariño" duraría menos, porque si hay algo que nos hace apreciar a una persona, es justamente recordarla, preferentemente, en aquellas situaciones que fueron muy agradables o "tiernas").

Así como todas las especies usan lo que tienen del modo en que les resulte más "fácil" y o provechoso, los seres humanos haremos lo mismo. No hay ninguna diferencia. Resulta que la mayor parte utilizará sus recursos fisiológicos, de acuerdo con sus búsquedas, y normalmente ellas se circunscribirán a lo que esté más a la mano, a lo que resulte mejor. Esto significa que no habría ninguna razón para esperar que las personas en general usen su capacidad de pensar, como por ejemplo, para la elaboración de teorías como esta. Más bien ocurre lo opuesto, es decir, los individuos tratarán de hacerse la menor cantidad de problemas posibles en su existencia diaria. Incluso sus posiciones frente a los problemas sociales o de la comunidad, los resolverán con bastante poca "observación acuciosa", más bien se inclinarán por soluciones emocionales, por sus creencias, o "reflexión", mucho más que por los argumentos derivados de una investigación "objetiva". Las personas que se proponen averiguaciones largas, complejas y que exigen pensamiento estructurado, son muy pocas.

Imaginar como pueden ser las cosas, creer, siempre será más fácil, más rápido, menos complicado, que tener que explorar o investigarlas recordando y haciendo relaciones precisas entre las observaciones de las causas y las consecuencias de sus efectos. Podríamos decir que, en general, creer es gratis ("soñar no cuesta nada"), en cambio, saber no (no obstante que muchas creencias equivocadas pueden conducir al desastre).

Ahora bien, es justamente la "comodidad" de creer e imaginar, por sobre la de recordar literalmente, la que en definitiva nos hace suponer y especular respecto de la realidad, dando así origen a la creatividad. Luego las creaciones humanas nacen en general de la incerteza, del desconocimiento, de la duda, rara vez del conocimiento que se tiene por seguro y verdadero, puesto que ese no es necesario cuestionarlo.

Con todo, exponer las causas de los fenómenos relacionados con las conductas humanas era el primer propósito de este trabajo. El segundo y tal vez "más productivo" es el que dice relación con su utilidad más inmediata.

Nuestro interés no es sólo exponer las hipótesis por el simple placer de hacerlo, creemos y esperamos que nuestras afirmaciones puedan ser puestas a prueba. Es por ello que hemos desarrollado las rutas secuenciales de los procesos involucrados, identificando en ellas, las principales acciones y relaciones entre cada mecanismo. Puesto que finalmente toda conducta es una parte indisoluble del proceso mayor que es vivir. Así como no se puede hablar de conciencia al margen de los recuerdos, ni de éstos sin considerar las percepciones y reacciones, entonces, para obtener la comprensión que buscamos, estaremos obligados a presumir que todos los fenómenos observados en un sistema, por mucho que ignoremos su funcionamiento, guardan una relación. Los errores que pueda acarrear esta presunción siempre serán menores que no hacerla en lo absoluto.

Los esquemas propuestos representan, de forma simplificada pero funcional, las principales operaciones de cada proceso en la secuencia. La simplificación de la que hablamos obedece al hecho que no conocemos la mecánica específica de las reacciones físico químicas que hacen posible que nuestro esquema conceptual funcione. De lo que si estamos seguros es que los pasos que identificamos deben existir, más o menos ajustados a la forma en que los hemos definido.

Nuestra convicción proviene del hecho de que, cada etapa que hemos explicado, lo ha sido en el contexto de las acciones reales que sabemos que ocurren. Los ejemplos que propusimos son pocos al lado de todos los que podríamos haber empleado. Creemos que en lo esencial hemos descrito las condiciones que hacen posible la mayor parte de las conductas humanas. No obstante que nos hemos saltado algunas que podrían ser importantes, pero que sin embargo pueden deducirse con facilidad de los procesos generales, este es el caso, por ejemplo, de los sueños.

No obstante que también quedan algunas cajas negras por abrir, no sabemos por ejemplo, en que consisten exactamente los valores de las sensaciones, ¿cuántos son?, ¿dónde están?, ¿cómo son sus configuraciones?, ¿cuán diferentes son respecto de los de reacción específica?, etc. Tampoco sabemos como representan la realidad perceptible esos valores, ¿cuántos de ellos se necesitan para registrar un recuerdo?, etc. Son muchas preguntas, sin embargo creemos que ellas están en la dirección correcta.

Ahora bien, la idea de recrear una "inteligencia artificial" que es nuestra segunda intención, requiere que sea hecha en el contexto de la operación simulada de un ser vivo, puesto que como ya vimos, la inteligencia simplemente no existe como característica independiente, así como también es errado afirmar o suponer que el cerebro procesa información, datos. Si hay algo en lo que debemos insistir es justamente en que el cerebro trabaja con recuerdos y es de ellos que se puede extraer lo que interpretaremos como datos.

Con todo, estamos muy optimistas, creemos que hemos hecho un gran aporte a la comprensión del funcionamiento de los seres humanos, y además, pensamos que de algún modo estamos ayudando a desbloquear lo que parecía un callejón sin salida. Si nuestras propuestas resultan ciertas, el abanico de posibilidades de investigación que se abre, es gigantesco.